U0270055

建设工程见证取（送）样员实用手册

主　编：张彩霞
副主编：郭高峰　郑　辉

中国建筑工业出版社

图书在版编目（CIP）数据

建设工程见证取（送）样员实用手册/张彩霞主编. —北京：
中国建筑工业出版社，2018.7
ISBN 978-7-112-22297-1

Ⅰ.①建… Ⅱ.①张… Ⅲ.①建筑工程-质量检验-手册
Ⅳ.①TU712.3-62

中国版本图书馆 CIP 数据核字(2018)第 118534 号

本书内容共 17 章，包括建设工程质量检测见证取样送样制度；水泥；掺合
料；建筑集料；混凝土外加剂；混凝土；砂浆；钢材；墙体材料；简易土工；防
水材料；装饰材料；预应力混凝土空心板；建筑节能工程；建筑地基基础工程；
主体结构工程；钢结构工程。
本书可供建设工程质量检测见证取（送）样人员学习使用。

责任编辑：张　磊　周世明
责任设计：李志立
责任校对：芦欣甜

建设工程见证取(送)样员实用手册

主　编：张彩霞

副主编：郭高峰　郑　辉

*

中国建筑工业出版社出版、发行(北京海淀三里河路 9 号)

各地新华书店、建筑书店经销

北京建筑工业印刷厂制版

河北鹏润印刷有限公司印刷

*

开本：787×1092 毫米　1/16　印张：12¾　字数：314 千字
2018 年 8 月第一版　　2018 年 8 月第一次印刷
定价：36.00 元
ISBN 978-7-112-22297-1
(32177)

本书编委会

主　　编：张彩霞

副主编：郭高峰　郑　辉

参编人员：汪天舒　米金玲　张　顼　张　艳

　　　　　左小海　杨　燕　徐　博　顾保国

　　　　　谭江龙　易怀林　张志霞　张　涛

　　　　　孔　川　乔　倩　楚爱群　薛学涛

　　　　　周　杰　翟向丽　朱丹妮　张　凯

　　　　　白　山　王琳琳　时相卿　徐明亮

　　　　　杨付春　勾俊贺　顾晓娟　孙瑞娜

　　　　　张献颖　陈广强　李跃龙　王　刚

　　　　　冯　亚　郭　睿　廉加加　刘琬真

　　　　　崔艳玲　郑亚林　刘雪鹏　张　鹏

　　　　　王庆伟　张旺旺　曹志诚

前　言

　　见证取（送）样在建设工程质量管理工作中占有重要的地位，尤其是对建设工程质量检测工作，它是保证建设工程质量检测工作公正性、科学性、权威性的首要环节。随着我国建设工程质量检测工作的逐步规范，第三方工程质量检测机构不断壮大健全，检测网络逐步完善。现阶段，在一些城市，特别是大中型城市中，基本要求对建设工程全过程（地基基础、主体结构、钢结构、室内环境、建筑节能、建筑幕墙等工程）实行见证检测制度。但是随着工程建设的迅速发展，建筑市场的稳步上升，建筑施工队伍的不断壮大，一些施工企业综合素质较差，技术力量薄弱，对建筑施工的规范缺乏学习和了解，导致见证检测中乱象丛生，原材料取样或现场混凝土、砂浆试块的制作存在弄虚作假及不规范的操作现象，致使检测结果不能真实正确反映工程实体质量，从而使工程中不合格的原材料和实体结构质量问题不能及时发现，给建设工程质量留下了隐患。因此住房城乡建设部早在2000年就颁发相应文件，要求建设工程质量检测必须执行见证取样和送检，以保证建设工程质量检测结果能真实反映建设工程和所用原材料的质量状况。

　　为确保建设工程质量检测能严格按照见证取样送样制度的有关规定执行，必须也有必要对建设工程质量检测见证取（送）样工作的相关知识进行普及和培训。该手册的编写不仅结合了建设工程质量检测所涉及的相关标准和规范，也引入了国家住建部以及河南省住建厅所下发的相关条例和文件，因此对建设工程质量相关人员如何做好见证取（送）样工作，确保建设工程质量检测数据的真实、准确、公正、科学地反映工程质量提供方便，同时也为建设工程质量检测见证取（送）样人员提供了一本很好的学习培训教材。

　　该手册在编制过程中得到了河南省工程质量监督站、郑州市工程质量监督站、新乡市工程质量监督站、河南新恒丰工程咨询有限公司的大力支持，在此表示衷心的感谢。由于时间仓促，书中难免存在不足和错误之处，恳请广大读者批评指正。

2018 年 4 月

目　　录

第一章 建设工程质量检测见证取样送样制度

第一节 概 述

根据《建设工程质量管理条例》及建设部建建〔2000〕211号《关于印发〈房屋建筑工程和市政基础设施工程实行见证取样和送检的规定〉的通知》，为保证试件（来样）能代表母体的质量状况和取样的真实性，保证建设工程质量检测工作的科学性、公正性和准确性，以确保建设工程质量，在建设工程质量检测中实行见证取样和送样制度。见证取送样是指在建设单位或工程监理单位人员的见证下，由施工单位的现场试验人员对工程中涉及结构安全的试块、试件和材料在现场取样，并送至经过省级以上建设行政主管部门对其资质认可和质量技术监督主管部门对其计量认证的质量检测单位进行检测。

第二节 见证取样送样的范围和程序

一、见证取样送样的范围

建设部建建〔2000〕211号《关于印发〈房屋建筑工程和市政基础设施工程实行见证取样和送检的规定〉的通知》要求，下列试块、试件和材料必须实施见证取样和送检：

（1）用于承重结构的混凝土试块；
（2）用于承重墙体的砌筑砂浆试块；
（3）用于承重结构的钢筋及连接接头试件；
（4）用于承重墙的砖和混凝土小型砌块；
（5）用于拌制混凝土和砌筑砂浆的水泥；
（6）用于承重结构的混凝土中使用的掺加剂；
（7）地下、屋面、厕浴间使用的防水材料；
（8）建筑节能工程涉及的材料；
（9）国家规定必须实行见证取样和送检的其他试块、试件和材料。

二、见证取样送样的数量

对涉及结构安全的试块、试件和材料见证取样和送检的比例按有关技术标准规定取样。

三、见证取样送样的程序

（1）委托。首先，建设单位向工程质量监督单位和检测单位递交"见证单位和见证人员授权书"。授权书应写明本工程现场委托的见证单位、取样单位、见证人员姓名、取样人员姓名及"见证员证"、"取样员证"编号，以便工程质量监督单位和检测单位检查核对（检测机构接受试样时，若见证人员与备案见证人员不符不得接受试样）。

（2）取样。施工企业取样人员在现场进行原材料和试块制作时，见证人员必须在旁见证，并在试件或其包装上做标记，同时填写见证记录。

（3）送检。见证人员应对试样进行监护，并和施工企业取（送）样人员一起将试样送至检测单位或采取有效的封样措施送样。

（4）收样。检测单位在接受委托检验任务时，要求送检单位填写委托单（有特殊要求时应注明），且委托单上必须具备该项目见证人员和取样人员的签名，检查试样的标识和封志，确认无误，否则有权拒绝接收样品。

（5）试验报告。在见证取样和送检试验报告中，试验室应在报告单备注栏中注明见证单位和见证人员姓名，加盖"见证取样检测"专用章，不得再加盖"仅对来样负责"的印章。一旦发生试验不合格的情况，应立即通知监督该工程的建设工程质量监督机构和见证单位，有出现试验不合格而需要按有关规定重新加倍取样复试时，还需按见证取样送检程序执行（部分施工人员处于种种原因，特别担心工程质量不合格会受到处罚或影响工程验收等，采取了抽撤、替换或修改不合格检测报告的违规做法，掩盖了工程质量的真实情况，后果极其严重、必须加以制止。送检信息不全或错误等，通过适当程序可以更改报告，但检测结果为不合格或不符合要求时，不能更改，应在试样台账中注明处置情况。试样台账应作为施工资料保存）。

以上程序充分体现"过程"见证，《建筑工程检测试验技术管理规范》（JGJ 190—2010）第 3.0.6 条："见证人员必须对见证取样和送检的过程进行见证，且必须确保见证取样和送检过程的真实性。"依据本条规定，监理单位及其派出的见证人员应通过到现场观察，对取样、送检过程的真实性予以证实，并应当对"过程"的真实性负责。对"过程"真实性的观察要素应包括：取样地点或部位、取样时间、取样方法、取样数量（抽样率）、试样标识、存放及送检等。未注明见证人和未加盖"见证取样检测"专用章的试验报告，不得作为质量保证资料和竣工验收资料。

第三节　见证取（送）样人员的基本要求和职责

一、见证人员的基本要求

（1）见证人员应由建设单位或该工程监理单位中，具备建筑施工试验知识的专业技术人员担任，并满足当地建设行政主管部门规定的其他条件。

（2）见证人员应参加建设行政主管部门组织的见证人员资格培训考试，经培训考核合格，取得"培训合格证书"。

（3）见证人员对工程实行见证取样、送样时，应持有该工程建设单位签发的"见证人书面授权书"，并有建设单位和见证单位书面通知施工单位、检测单位和负责该工程的质量监督机构。

（4）见证人员的基本情况由当地建设行政主管部门备案，证书每两年换证一次。

二、见证人员的职责

（1）单位工程施工前，见证人员应会同施工单位项目负责人、取样人员共同制定送检计划。送检计划是根据该工程的施工组织设计和工程特点，国家关于工程质量试验和检测的技术标准和规范要求，以及根据工程见证取样、送样的范围，对材料、试件的取样部位、取样时间、样品名称、样品数量、送检时间等，按照施工工序先后制定的技术性文件，是该工程见证取样工作的指导性技术文件。见证人员在整个工程的见证取样工作中，应认真执行送检计划。

（2）见证人员应制作见证记录，工程竣工时应将见证记录归入施工档案。

（3）见证人员对试样的代表性和真实性负有法定责任。

（4）取样时，见证人员必须旁站见证。取样人员应在见证人员见证下，在试件和其包装上做出标识、封志。标识和封志应标明工程名称、取样部位、取样日期、样品名称和样品数量、见证人员和取样人员共同签字。

（5）见证人员必须对试样进行监护，对于专用送样工具，见证人员必须亲自封样。在检验委托单上签字，并出示"见证人员证书"。

（6）见证人员必须和送样人员一起将试样送至检测单位。

（7）见证人员必须在《检验委托单》上签字，同时出示《见证员证书》，以备检测单位核验。

（8）见证人员应廉洁奉公、秉公办事。发现见证人员有违规行为，发证单位有权吊销其《见证员证书》。

三、取（送）样人员的基本要求

（1）必须具备取（送）样人员资格：

1）取（送）样人员应是本工程施工单位人员。

2）必须具备初级以上技术职称或具有建筑施工专业知识，应由有建筑施工检测试验知识的专业技术人员担任，并满足当地建设行政主管部门规定的其他条件。

3）经培训考核合格，取得"培训合格证书"。

（2）必须具有施工单位出具的取（送）样人员书面授权书。

（3）必须向质监站和检测单位递交取（送）样人员书面授权书。

（4）取（送）样人员的基本情况由市工程质量监督站备案，证书每两年换证一次。

四、取（送）样人员的职责

（1）必须按相关的产品标准、规范要求进行取样。

（2）必须与见证人员一起将试样送至检测单位或将见证人员亲自所封试样送至检测单位。

（3）认真填写检验委托单，在检验委托单上签字，并出示"取（送）样人员证书"。

（4）取（送）样人员对试样的代表性和真实性负责。

第四节　见证取样送样的管理

建设行政主管部门是建设工程质量检测见证取样工作的主管部门。

提高见证人员的思想和业务素质，切实加强见证人员的管理，是搞好见证取样的重要保证。实践表明，建立取（送）样和见证人员工作台账是加强见证取样送样管理的有效措施。通过工程台账可分别对取（送）样员和见证人员各自的工作进行日常管理，工作台账又能反映施工全过程的质量检测情况，也便于相关部门和有关人员的日常检查和质量事故的处理（施工单位编制施工检测试验计划，见证单位编制见证取样和送检计划，并建立台账）。

建设、施工、监理和检测单位凡以任何形式弄虚作假，或者玩忽职守者，应按有关法规追究责任和处罚。

具体体现在以下几个方面：

（1）见证检测的检测项目应按国家有关行政法规及标准的要求确定。

（2）见证人员应具有建筑施工检测试验知识的专业技术人员担任。

（3）见证人员发生变化时，监理单位应通知相关单位，办理书面变更手续。

（4）需要见证检测的检测项目，施工单位应在取样及送检前通知见证人员。

（5）见证人员应对见证取样及送检的全过程进行见证并填写见证记录。

（6）检测机构接收试样时应核实见证人员及见证记录，见证人员与备案见证人员不符或见证记录无备案见证人员签字时不得接收试样。

（7）见证人员应核查见证检测的检测项目、数量和比例是否满足有关规定。

第五节　常用建材取样数量及质量

常用建材取样数量及质量见表1-1。

常用建材取样数量及质量　　　　　　　　　　　表1-1

名　称	规　格（mm）	数量或质量
混凝土试块	$200 \times 200 \times 200$	3块/组
	$150 \times 150 \times 150$	3块/组
	$100 \times 100 \times 100$	3块/组
抗渗试块	$\phi 175 \times \phi 185 \times 150$	6块/组
砂浆试块	$70.7 \times 70.7 \times 70.7$	3块/组
烧结多孔砖	$240 \times 115 \times 90$	15块/组
烧结普通砖	$240 \times 115 \times 53$	15块/组
砂	天然砂	60kg/组
	人工砂	80kg/组

续表

名　称	规　格（mm）	数量或质量
石子	连续粒级：5～10、5～16、5～20、5～25、5～31.5、5～40； 单粒级：10～20、16～31.5、20～40、31.5～63、40～80	根据石子最大粒径选择： 最大粒径10mm：50kg/组； 最大粒径20mm：80kg/组； 最大粒径31.5mm：110kg/组； 最大粒径40mm：120kg/组
水泥	强度等级：32.5级、42.5级、52.5级、62.5级	12kg/组
土的干密度及含水率	环刀体积：50cm³、100cm³、200cm³	根据实际情况： 对大基坑每50～100m²应不少于1个检验点，对基槽每10～20m应不少于1个检验点，每个单独柱基应不少于1个点
钢筋	重量偏差：试件长度不应小于500mm； 拉伸性能：试件长度约500mm； 弯曲性能：试件长度约300mm	力学性能： 1. 原材 　（1）钢筋混凝土用钢　第一部分：热轧光圆钢筋：不超过60t时，4根（其中拉伸2根，冷弯2根）；60～100t时，各增加1根。 　（2）钢筋混凝土用钢　第二部分：热轧带肋钢筋：不超过60t时，4根（其中拉伸2根，冷弯2根），带E的钢筋5根（其中拉伸2根，冷弯2根，反向弯曲1根）；60～100t时，各增加1根。 　（3）冷拔低碳钢丝：甲级：逐盘检验，2根/盘（拉伸1根，反弯1根）；乙级：成批检验，6根/批（拉伸3根，反弯3根）。 　（4）冷扎扭钢筋：6根（拉伸3根，冷弯3根）。 　（5）冷扎带肋钢筋：拉伸逐盘检验，1根/盘，弯曲成批检验，每批2根。 2. 焊接接头 　（1）电弧焊、电渣压力焊、T形接头：3根（只做拉伸）。 　（2）气压焊：3根（一般只做拉伸，在梁板水平钢筋连接中，另取3根做弯曲试验）。 　（3）闪光对焊：6根（拉伸3根，冷弯3根）。 3. 机械连接接头 锥螺纹接头、带肋钢筋套筒挤压连接接头、镦粗直螺纹接头：3根（接头数量少于200时，可取2根）。 4. 型钢 2根（其中拉伸1根，冷弯1根）。 重量偏差： 盘卷钢筋和直条钢筋调直后按同一厂家、同一牌号、同一规格，重量不大于30t为一批；每批见证取3根试件。 其他未经调直的钢筋按同一牌号、同一炉罐号、同一规格，重量不大于60t为一批；每批见证取5根试件
备注	因考虑检验损耗，部分材料的取样数量比规范规定略有增加	

第二章 水　泥

第一节 概　述

一、概述

水泥是以石灰质、黏土质物料为主要原料，以铁质或砂质物料等为辅助原料，按比例配制成适当成分的，经高温煅烧至部分熔融，冷却后成为粒状或块状物料，即熟料；再加入适量的外加剂如石膏之类，或根据国家标准和规范的规定加入不同数量的各种混合材料磨成细粉而制成的水硬性胶凝材料。

水泥品种繁多，常见的有硅酸盐水泥、铝酸盐水泥和硫铝酸盐水泥三大系列，其中以硅酸盐水泥系列六大品种为常见。

二、术语和分类

1. 通用硅酸盐水泥

通用硅酸盐水泥：以硅酸盐水泥熟料和适量的石膏，及规定的混合材料制成的水硬性胶凝材料。

硅酸盐水泥：代号（P·I，P·II），强度等级分为 42.5、42.5R、52.5、52.5R、62.5、62.5R 六个等级。

普通硅酸盐水泥：代号（P·O），强度等级分为 42.5、42.5R、52.5、52.5R 四个等级。

矿渣硅酸盐水泥（代号 P·S·A，P·S·B）、火山灰质硅酸盐水泥（P·P）、粉煤灰硅酸盐水泥（代号 P·F）：强度等级分为 32.5、32.5R、42.5、42.5R、52.5、52.5R 六个等级。

复合硅酸盐水泥（代号 P·C）：强度等级分为 32.5R、42.5、42.5R、52.5、52.5R 五个等级〔注：2015 年 12 月 1 日实施的《通用硅酸盐水泥》（GB 175—2007）第 2 号修改单已将复合硅酸盐水泥中强度等级 32.5 删除〕。

2. 铝酸盐水泥

铝酸盐水泥熟料：以钙质和铝质材料为主要原料，经适当比例配制成生料，煅烧至完全或部分熔融，并经冷却所得以铝酸钙为主要矿物组成的产物。

铝酸盐水泥：由铝酸盐水泥熟料磨细制成的水硬性胶凝材料，代号 CA。按水泥中 Al_2O_3 含量（质量分数）分为 CA50、CA60、CA70 和 CA80 四个品种。

3. 硫铝酸盐水泥

硫铝酸盐水泥：以适当成分的生料，经煅烧所得以无水硫铝酸钙和硅酸二钙为主要矿物成分的水泥熟料掺加不同量的石灰石、适量石膏共同磨细制成，具有水硬性的胶凝材料。硫铝酸盐水泥分为快硬硫铝酸盐水泥、低碱度硫铝酸盐水泥、自应力硫铝酸盐水泥。

快硬硫铝酸盐水泥：由适当成分的硫铝酸盐水泥熟料和少量石灰石、适量石膏共同磨细制成的，具有早期强度较高的水硬性胶凝材料，代号 R·SAC。以 3d 抗压强度分为42.5、52.5、62.5、72.5 四个强度等级。

低碱度硫铝酸盐水泥：由适当成分的硫铝酸盐水泥熟料和较多量石灰石、适量石膏共同磨细制成，具有碱度低的水硬性胶凝材料，代号 L·SAC（低碱度硫铝酸盐水泥主要用于制作玻璃纤维增强水泥制品，用于配有钢纤维、钢筋、钢丝网、钢埋件等混凝土制品和结构时，所用钢材应为不锈钢）。以 7d 抗压强度分为 32.5、42.5、52.5 三个强度等级。

自应力硫铝酸盐水泥：由适当成分的硫铝酸盐水泥熟料加入适量石膏磨细制成的具有膨胀性的水硬性胶凝材料，代号 S·SAC。以 28d 自应力值分为 3.0、3.5、4.0、4.5 四个自应力等级。

第二节　取样要求

（1）《混凝土结构工程施工质量验收规范》（GB 50204—2015）中关于水泥进场时的验收要求如下：

混凝土结构工程用水泥进场时，应对其品种、级别、包装或散装仓号、出厂日期等进行检查，并应对其强度、安定性及其他必要的性能指标进行复验，其质量必须符合现行国家标准《通用硅酸盐水泥》（GB 175—2007）的相关规定。

检查数量：按同一生产厂家、同一等级、同一品种、同一批号且连续进场的水泥，袋装不超过 200t 为一批，散装不超过 500t 为一批，每批抽样不少于一次。

检查方法：检查质量证明文件和抽样检验报告。

水泥进场满足下列条件之一时，检验批容量可扩大一倍：

1）获得认证的产品；

2）同一厂家、同一品种、同一规格的产品，连续三次进场检验均一次检验合格。

（2）《砌体结构工程施工质量验收规范》（GB 50203—2011）中关于水泥进场时的验收要求如下：

水泥进场时应对其品种、等级、包装或散装仓号、出厂日期等进行检查，并应对其强度、安定性进行复验，其质量必须符合现行国家标准《通用硅酸盐水泥》（GB 175—2007）的有关规定。

当在使用中对水泥质量有怀疑或水泥出厂超过三个月（快硬硅酸盐水泥超过一个月）时，应进行复验，并按复验结果使用。

不同品种的水泥，不得混合使用。

抽检数量：按同一生产厂家、同品种、同等级、同批号连续进场的水泥，袋装水泥不超过 200t 为一批，散装不超过 500t 为一批，每批抽样不少于一次。

检验方法：检查产品合格证、出厂检验报告和进场复验报告。

取样方法按《水泥取样方法》（GB/T 12573—2008）进行。取样应有代表性，可连续取，亦可从 20 个以上不同部位取等量样品，总量至少 12kg，检验项目包括需要对产品进行考核的全部技术要求。

（3）《建筑装饰装修工程质量验收规范》（GB 50210—2001）中关于水泥进场时的验收要求如下：

抹灰工程应对水泥的凝结时间和安定性进行复验。进场后同一厂家生产的同一品种、同一类型的进场材料应至少抽取一组样品进行复验，当合同另有约定时应按合同执行。

第三节　物理指标

一、普通硅酸盐水泥

1. 凝结时间

硅酸盐水泥初凝时间不小于 45min，终凝时间不大于 390min。

普通硅酸盐水泥、矿渣硅酸盐水泥、火山灰质硅酸盐水泥、粉煤灰硅酸盐水泥和复合硅酸盐水泥初凝时间不小于 45min，终凝时间不大于 600min。

2. 安定性

沸煮法合格。

3. 强度

不同品种不同强度等级的通用硅酸盐水泥，其不同龄期的强度应符合表 2-1 的规定。

通用硅酸盐水泥强度等级（MPa）　　　　　　表 2-1

品　种	强度等级	抗压强度		抗折强度	
		3d	28d	3d	28d
硅酸盐水泥（P·Ⅰ，P·Ⅱ）	42.5	≥17.0	≥42.5	≥3.5	≥6.5
	42.5R	≥22.0		≥4.0	
	52.5	≥23.0	≥52.5	≥4.0	≥7.0
	52.5R	≥27.0		≥5.0	
	62.5	≥28.0	≥62.5	≥5.0	≥8.0
	62.5R	≥32.0		≥5.5	
普通硅酸盐水泥（P·O）	42.5	≥17.0	≥42.5	≥3.5	≥6.5
	42.5R	≥22.0		≥4.0	
	52.5	≥23.0	≥52.5	≥4.0	≥7.0
	52.5R	≥27.0		≥5.0	
矿渣硅酸盐水泥（P·S·A，P·S·B）、火山灰质硅酸盐水泥（P·P）、粉煤灰硅酸盐水泥（P·F）	32.5	≥10.0	≥32.5	≥2.5	≥5.5
	32.5R	≥15.0		≥3.5	
	42.5	≥15.0	≥42.5	≥3.5	≥6.5
	42.5R	≥19.0		≥4.0	
	52.5	≥21.0	≥52.5	≥4.0	≥7.0
	52.5R	≥23.0		≥4.5	

续表

品 种	强度等级	抗压强度		抗折强度	
		3d	28d	3d	28d
复合硅酸盐水泥（P·C）	32.5R	≥15.0	≥32.5	≥3.5	≥5.5
	42.5	≥15.0	≥42.5	≥3.5	≥6.5
	42.5R	≥19.0		≥4.0	
	52.5	≥21.0	≥52.5	≥4.0	≥7.0
	52.5R	≥23.0		≥4.5	

4. 细度

硅酸盐水泥和普通硅酸盐水泥的细度以比表面积表示，其比表面积不小于 $300m^2/kg$；矿渣硅酸盐水泥、火山灰质硅酸盐水泥、粉煤灰硅酸盐水泥和复合硅酸盐水泥的细度以筛余表示，其 $80\mu m$ 方孔筛筛余不大于 10% 或 $45\mu m$ 方孔筛筛余不大于 30%。

二、铝酸盐水泥

1. 细度

比表面积不小于 $300m^2/kg$ 或 $45\mu m$ 筛余不大于 20%。有争议时以比表面积为准。

2. 凝结时间

水泥胶砂凝结时间应符合表 2-2 的规定。

凝结时间（min）　　　　　　　　　　　　　　表 2-2

类 型		初凝时间	终凝时间
CA50		≥30	≤360
CA60	CA60-Ⅰ	≥30	≤360
	CA60-Ⅱ	≥60	≤1080
CA70		≥30	≤360
CA80		≥30	≤360

各类型铝酸盐水泥各龄期强度指标应符合表 2-3 的规定。

铝酸盐水泥胶砂强度（MPa）　　　　　　　　　表 2-3

类 型		抗压强度				抗折强度			
		6h	1d	3d	28d	6h	1d	3d	28d
CA50	CA50-Ⅰ	≥20[a]	≥40	≥50	—	≥3[a]	≥5.5	≥6.5	—
	CA50-Ⅱ		≥50	≥60	—		≥6.5	≥7.5	—
	CA50-Ⅲ		≥60	≥70	—		≥7.5	≥8.5	—
	CA50-Ⅳ		≥70	≥80	—		≥8.5	≥9.5	—

类　型		抗　压　强　度				抗　折　强　度			
		6h	1d	3d	28d	6h	1d	3d	28d
CA60	CA60-Ⅰ	—	≥65	≥85	—	—	≥7.0	≥10.0	—
	CA60-Ⅱ	—	≥20	≥45	≥85	—	≥2.5	≥5.0	≥10.0
CA70		—	≥30	≥40	—	—	—	≥5.0	≥6.0
CA80		—	≥25	≥30	—	—	—	≥4.0	≥5.0

注：ᵃ 表示用户要求时，生产厂家应提供试验结果。

三、硫铝酸盐水泥

硫铝酸盐水泥物理性能、碱度和碱含量应符合表 2-4 的规定。

硫铝酸盐水泥物理性能指标　　　　　　表 2-4

项　　目			指　　标		
			快硬硫铝酸盐水泥	低碱度硫铝酸盐水泥	自应力硫铝酸盐水泥
比表面积（m²/kg）		≥	350	400	370
凝结时间ᵃ（min）	初凝	≤		25	40
	终凝	≥		180	240
碱度 pH 值		≤	—	10.5	—
28d 自由膨胀率（%）			—	0.00～0.15	—
自由膨胀率（%）	7d	≤	—	—	1.30
	28d	≤	—	—	1.75
水泥中的碱含量（$Na_2O+0.658×K_2O$）（%）		<	—	—	0.50
28d 自应力增进率（MPa/d）		≤	—	—	0.010

注：ᵃ 表示用户要求时，可以变动。

快硬硫铝酸盐水泥各强度等级水泥应不低于表 2-5 的数值。

快硬硫铝酸盐水泥强度等级（MPa）　　　　表 2-5

强度等级	抗　压　强　度			抗　折　强　度		
	1d	3d	28d	1d	3d	28d
42.5	30.0	42.5	45.0	6.0	6.5	7.0
52.5	40.0	52.5	55.0	6.5	7.0	7.5
62.5	50.0	62.5	65.0	7.0	7.5	8.0
72.5	55.0	72.5	75.0	7.5	8.0	8.5

低碱度硫铝酸盐水泥各强度等级水泥应不低于表 2-6 的数值。

低碱度硫铝酸盐水泥强度等级 （MPa） 表 2-6

强 度 等 级	抗 压 强 度		抗 折 强 度	
	1d	7d	1d	7d
32.5	25.0	32.5	3.5	5.0
42.5	30.0	42.5	4.0	5.5
52.5	40.0	52.5	4.5	6.0

自应力硫铝酸盐水泥所有自应力等级的水泥抗压强度 7d 不小于 32.5MPa，28d 不小于 42.5MPa。自应力硫铝酸盐水泥各级别各龄期自应力值应符合表 2-7 的要求。

自应力硫铝酸盐水泥各级别各龄期自应力 （MPa） 表 2-7

级 别	7d	28d	
	$\geqslant$	$\geqslant$	$\leqslant$
3.0	2.0	3.0	4.0
3.5	2.5	3.5	4.5
4.0	3.0	4.0	5.0
4.5	3.5	4.5	5.5

第三章 掺 合 料

第一节 概 述

随着预拌混凝土的广泛应用和混凝土施工工艺的进步（泵送混凝土），掺合料已成为混凝土不可缺少的组成成分。掺合料的种类有：粉煤灰、磨细矿渣粉、沸石粉、硅灰等，常用的有粉煤灰和磨细矿渣粉。

粉煤灰：电厂煤粉炉烟道气体中收集的粉末。

粒化高炉矿渣粉（简称矿渣粉）：符合《用于水泥中的粒化高炉矿渣》（GB/T 203—2008）标准规定的粒化高炉矿渣经干燥、粉磨（或添加少量石膏一起粉磨）达到相当细度且符合相应活性指数的粉体。

磨细天然沸石：以一定品位纯度的天然沸石（指火山喷发形成的玻璃体在长期的碱溶液条件下二次成矿所形成的以沸石类矿物为主的岩石）为原料，经粉磨至规定细度的产品。

硅灰：在冶炼硅铁合金或工业硅时，通过烟道排出的硅蒸汽氧化后，经收尘器收集得到的以无定形二氧化硅为主要成分的产品。

第二节 技 术 要 求

一、用于水泥和混凝土中的粉煤灰（GB/T 1596—2017）

（1）拌制混凝土和砂浆用粉煤灰应符合表 3-1 中技术要求。

拌制混凝土和砂浆用粉煤灰理化性能要求　　　　　　　　　表 3-1

项　目		理化性能要求		
		Ⅰ级	Ⅱ级	Ⅲ级
细度（45μm 方孔筛筛余）/%	F 类粉煤灰	≤12.0	≤30.0	≤45.0
	C 类粉煤灰			
需水量比/%	F 类粉煤灰	≤95	≤105	≤115
	C 类粉煤灰			
烧失量（Loss）/%	F 类粉煤灰	≤5.0	≤8.0	≤10.0
	C 类粉煤灰			
含水量/%	F 类粉煤灰	≤1.0		
	C 类粉煤灰			

项 目		理化性能要求		
		Ⅰ级	Ⅱ级	Ⅲ级
三氧化硫（SO₃）质量分数/%	F类粉煤灰	≤3.0		
	C类粉煤灰			
游离氧化钙（f-CaO）质量分数（%）	F类粉煤灰	≤1.0		
	C类粉煤灰	≤4.0		
二氧化硅（SiO₂）、三氧化二铝（Al₂O₃）和三氧化二铁（Fe₂O₃）总质量分数（%）	F类粉煤灰	≥70.0		
	C类粉煤灰	≥50.0		
密度（g/cm³）	F类粉煤灰	≤2.6		
	C类粉煤灰			
安定性（雷氏法）（mm）	C类粉煤灰	≤5.0		
强度活性指数（%）	F类粉煤灰	≥70.0		
	C类粉煤灰			

（2）水泥活性混合材用粉煤灰应符合表 3-2 中的技术要求。

水泥活性混合材料用粉煤灰技术要求　　　　表 3-2

项 目		理化性能要求
烧失量（Loss）（%）	F类粉煤灰	≤8.0
	C类粉煤灰	
含水量（%）	F类粉煤灰	≤1.0
	C类粉煤灰	
三氧化硫（SO₃）质量分数（%）	F类粉煤灰	≤3.5
	C类粉煤灰	
游离氧化钙（f-CaO）质量分数（%）	F类粉煤灰	≤1.0
	C类粉煤灰	≤4.0
二氧化硅（SiO₂）、三氧化二铝（Al₂O₃）和三氧化二铁（Fe₂O₃）总质量分数（%）	F类粉煤灰	≥70.0
	C类粉煤灰	≥50.0
密度（g/cm³）	F类粉煤灰	≤2.6
	C类粉煤灰	
安定性（雷氏法）（mm）	C类粉煤灰	≤5.0
强度活性指数（%）	F类粉煤灰	≥70.0
	C类粉煤灰	

二、用于水泥、砂浆和混凝土中的粒化高炉矿渣粉（GB/T 18046—2017）

矿渣粉应符合表 3-3 的规定。

矿渣粉的技术指标 表 3-3

项 目		级 别		
		S105	S95	S75
密度（g/cm³）		≥2.8		
比表面积（m²/kg）		≥500	≥400	≥300
活性指数（%）	7d	≥95	≥70	≥55
	28d	≥105	≥95	≥75
流动度比（%）		≥95		
初凝时间比（%）		≤200		
含水量（质量分数）（%）		≤1.0		
三氧化硫（质量分数）（%）		≤4.0		
氯离子（质量分数）（%）		≤0.06		
烧失量（质量分数）（%）		≤1.0		
不溶物（质量分数）（%）		≤3.0		
玻璃体含量（质量分数）（%）		≥85		
放射性		$I_{Ra} \leq 1.0$ 且 $I_\gamma \leq 1.0$		

三、高强高性能混凝土用矿物外加剂（GB/T 18736—2017）

高强高性能混凝土用矿物外加剂是指在搅拌过程中加入的，具有一定细度和活性的用于改善新拌合硬化混凝土性能（特别是混凝土耐久性）的某些矿物类的产品。包括磨细矿渣、磨细粉煤灰、磨细天然沸石和硅灰及其复合物。

1. 分类

矿物外加剂按照其矿物组成分为五类：磨细矿渣、粉煤灰、磨细天然沸石粉、硅灰、偏高岭土。

2. 等级

依据性能指标将磨细矿渣分为二级，其他四类矿物外加剂不分级。

3. 代号

矿物外加剂用代号 MA 表示。

各类矿物外加剂用不同代号表示：磨细矿渣 S，粉煤灰 FA，磨细天然沸石 Z，硅灰 SF，偏高岭土 MK。

4. 技术要求

矿物外加剂的技术要求应符合表 3-4 的规定。

矿物外加剂的技术要求　　　　　　表 3-4

试验项目			指 标				
			磨细矿渣		粉煤灰	磨细天然沸石	硅灰	偏高岭土
			I	II				
化学性能	MgO（%）	≤	14.0		—	—		4.0
	SO₃（%）	≤	4.0		3.0	—	—	1.0
	烧失量（%）	≤	3.0		5.0		6.0	4.0
	Cl⁻（%）	≤	0.06		0.06	0.06	0.10	0.06
	SiO₂（%）	≥					85	50
	Al₂O₃（%）	≥						85
	吸铵值（mmol/kg）	≥			—	1000	—	—
物理性能	比表面积（m²/kg）	≥	600	400	—	—	15000	—
	细度（45μm 方孔筛筛余）（%）	≤	—	—	25.0	5.0	5.0	5.0
	含水率（%）	≤	1.0		1.0	—	3.0	1.0
胶砂性能	需水量比（%）	≤	115	105	100	115	125	120
	活性指数	3d（%） ≥	80				90	85
		7d（%） ≥	100	75			95	90
		28d（%） ≥	110	100	70	95	115	105
总碱量			各种矿物外加剂均应测定其总碱量。根据工程要求，由供需双方商定供货指标					

第三节　取样方法与结果处理

一、粉煤灰

1. 编号与取样

（1）编号

以连续供应的 500t 相同等级、相同种类的粉煤灰为一编号。不足 500t 按一个编号论，粉煤灰质量按干灰（含水量小于 1%）的质量计算。

（2）取样

1）每一编号为一取样单位，当散装粉煤灰运输工具的容量超过该厂规定出厂编号吨数时，允许该编号的数量超过取样规定吨数。

2）取样方法按《水泥取样方法》（GB/T 12573—2008）进行。取样应有代表性，可连续取，也可从 10 个以上不同部位取等量样品，总量至少 3kg。

3）拌制混凝土和砂浆用粉煤灰，必要时，买方可对粉煤灰的技术要求进行随机抽样检验。

2. 判定规则

（1）拌制混凝土和砂浆用粉煤灰，试验结果符合表 3-1 的技术要求时为等级品。若其中任何一项不符合要求，允许在同一编号中重新加倍取样进行全部项目的复检，以复检结果判定，复检不合格可降级处理。凡低于表 3-1 最低级别要求的为不合格品。

（2）水泥活性混合材料用粉煤灰

1）出厂检验结果符合表 3-2 的技术要求时，判为出厂检验合格。若其中任何一项不符合要求，允许在同一编号中重新加倍取样进行全部项目的复检，以复检结果判定。

2）型式检验结果符合表 3-2 的技术要求时，判为型式检验合格。若其中任何一项不符合要求，允许在同一编号中重新加倍取样进行全部项目的复检，以复检结果判定。只有当活性指数小于 70.0％时，该粉煤灰可作为水泥生产中的非活性混合材料。

3）当买卖双方对产品质量有争议时，买卖双方应将双方认可的样品签封，送省级或省级以上国家认可的质量监督检验机构进行仲裁检验。

二、矿粉

1. 编号及取样

（1）编号

矿渣粉出厂前按同级别进行编号和取样。每一编号为一个取样单位。矿渣粉出厂编号按矿渣粉单线年生产能力规定为：

60×10^4 t 以上，不超过 2000t 为一编号；

$30 \times 10^4 \sim 60 \times 10^4$ t，不超过 1000t 为一编号；

$10 \times 10^4 \sim 30 \times 10^4$ t，不超过 600t 为一编号；

10×10^4 t 以下，不超过 200t 为一编号。

当散装运输工具容量超过该厂规定出厂编号吨数时，允许该编号数量超过该厂规定出厂编号吨数。

（2）取样方法

取样按《水泥取样方法》（GB/T 12573—2008）规定进行，取样应有代表性，可连续取样，也可以在 20 个以上部位取等量样品，总量至少 20kg。试样应混合均匀，按四分法缩取出比试验所需要量大 1 倍的试样。

2. 检验项目

矿渣粉生产厂应按表 3-3 规定的密度、比表面积、活性指数、流动度比、含水量和三氧化硫含量等要求进行检验。

3. 检验结果评定

符合表 3-3 要求的为合格品。若其中任何一项不符合要求的矿渣粉为不合格品。

三、高强高性能混凝土用矿物外加剂

1. 编号、取样和留样

矿物外加剂出厂前应按同类同等级进行编号和取样，每一编号为一个取样单位。

磨细矿渣日产 100t 及以下的，50t 为一个取样单位；日产大于 100t 且不大于 2000t 的，250t 为一个取样单位；日产大于 2000t 的，500t 为一个取样单位。硅灰及其复合矿物外加剂以 30t 为一个取样单位，其他矿物外加剂以 120t 为一个取样单位，其数量不足者也以一个取样单位计。

取样按《水泥取样方法》（GB/T 12573—2008）规定进行。取样应随机进行，要有代表性，可以连续取样，也可以在 20 个以上不同部位取等量样品。每样总质量至少 12kg，硅灰取样量可以酌减，但总质量至少 4kg。试样混匀后，按四分法缩减出比试验用量多 1 倍的试样。

生产厂每一编号的矿物外加剂试样应分为两等份，一份供产品出厂检验用，另一份密封保存 6 个月，以备复验或仲裁时用。

2. 判定

各类矿物外加剂性能符合表 3-4 中相应等级的规定，则判为相应等级；若其中一项不符合规定指标，则降级或判为不合格品。

四、《混凝土质量控制标准》（GB 50164—2011）有关规定

粉煤灰或粒化高炉矿渣粉等矿物掺合料应按每 200t 为一个检验批；硅灰应按 30t 为一个检验批。不同批次或非连续供应的不足一个检验批时应作为一个检验批。当符合下列条件之一时，可将检验批量扩大 1 倍：（1）对经产品认证机构认证符合要求的产品。（2）来源稳定且连续 3 次检验合格。（3）同一厂家的同批出厂材料，用于同时施工且属于同一工程项目的多个单位工程。

第四章 建筑集料

第一节 概　述

一、砂的种类及定义

砂按产源不同分为天然砂和人工砂。天然砂包括河砂、海砂、山砂；人工砂包括机制砂和混合砂。

天然砂：由自然条件作用而形成的，公称粒径小于 5.00mm 的岩石颗粒。

人工砂：岩石经除土开采、机械破碎、筛分而成的，公称粒径小于 5.00mm 的岩石颗粒。

混合砂：由天然砂与人工砂按一定比例组合而成的砂。

二、石的种类及定义

石子按产源或加工方式不同分为卵石和碎石。

卵石：由自然条件作用形成的，公称粒径大于 5.00mm 的岩石颗粒。

碎石：由天然岩石或卵石经破碎、筛分而得的，公称粒径大于 5.00mm 的岩石颗粒。

第二节　验收及检验项目

《混凝土结构工程施工质量验收规范》（GB 50204—2015）中关于粗骨料、细骨料的使用要求如下：

混凝土原材料中的粗骨料、细骨料质量应符合现行行业标准《普通混凝土用砂、石质量及检验方法标准》（JGJ 52—2006）的规定，使用经过净化处理的海砂应符合现行行业标准《海砂混凝土应用技术规范》（JGJ 206—2010）的规定，再生混凝土骨料应符合现行国家标准《混凝土用再生粗骨料》（GB/T 25177—2010）和《混凝土和砂浆用再生细骨料》（GB/T 25176—2010）的规定。

检查数量：按现行行业标准《普通混凝土用砂、石质量及检验方法标准》（JGJ 52—2006）的规定确定。

检验方法：检查抽样检验报告。

一、验收批的确定

供货单位应提供砂或石的产品合格证及质量检验报告。

使用单位应按砂或石的同产地同规格分批验收。采用大型工具（如火车、货船或汽车）运输的，应以 400m³ 或 600t 为一验收批；采用小型工具（如拖拉机等）运输的，应以 200m³ 或 300t 为一验收批。不足上述量者，应按一验收批进行验收。

当砂或石的质量比较稳定、进料量又较大时，可以 1000t 为一验收批。

注："当质量比较稳定，进料量又较大时，可定期检验"系指日进量在 1000t 以上，连续复检五次以上合格，可按 1000t 为一批。

二、检验项目

每验收批砂石至少应进行颗粒级配、含泥量、泥块含量检验。对于碎石或卵石，还应检验针片状颗粒含量；对于海砂或有氯离子污染的砂，还应检验其氯离子含量；对于海砂，还应检验贝壳含量；对于人工砂及混合砂，还应检验石粉含量。对于重要工程或特殊工程，应根据工程要求增加检测项目。对其他指标的合格性有怀疑时，应予检验。

第三节　取样方法与结果处理

一、取样数量

对于每一单项检验项目，砂、石的每组样品取样数量应分别满足表 4-1 和表 4-2 的规定。当需要做多项检验时，可在确保样品经一项试验后不致影响其他试验结果的前提下，用同组样品进行多项不同的试验。

每一单项检验项目所需砂的最少取样质量　　　　　　　　　　表 4-1

检 验 项 目	最少取样质量（g）
筛分析	4400
表观密度	2600
吸水率	4000
紧密密度和堆积密度	5000
含水率	1000
含泥量	4400
泥块含量	20000
石粉含量	1600
人工砂压碎值指标	分成公称粒级 $2.50 \sim 5.00$ mm、$1.25 \sim 2.50$ mm、$630 \mu m \sim 1.25$ mm、$315 \sim 630 \mu m$、$160 \sim 315 \mu m$，每个粒级各需 1000g
有机物含量	2000
云母含量	600
轻物质含量	3200
坚固性	分成公称粒级 $2.50 \sim 5.00$ mm、$1.25 \sim 2.50$ mm、$630 \mu m \sim 1.25$ mm、$315 \sim 630 \mu m$、$160 \sim 315 \mu m$，每个粒级各需 100g

续表

检验项目	最少取样质量（g）
硫化物及硫酸盐含量	50
氯离子含量	2000
贝壳含量	10000
碱活性	20000

每一单项检验项目所需碎石或卵石的最小取样质量（kg）　　表 4-2

试验项目	最大公称粒径（mm）							
	10.0	16.0	20.0	25.0	31.5	40.0	63.0	80.0
筛分析	8	15	16	20	25	32	50	64
表观密度	8	8	8	8	12	16	24	24
含水率	2	2	2	2	3	3	4	6
吸水率	8	8	16	16	16	24	24	32
堆积密度、紧密密度	40	40	40	40	80	80	120	120
含泥量	8	8	24	24	40	40	80	80
泥块含量	8	8	24	24	40	40	80	80
针、片状含量	1.2	4	8	12	20	40	—	—
硫化物及硫酸盐	1.0							

注：有机物含量、坚固性、压碎值指标及碱—骨料反应检验，应按试验要求的粒级及质量取样。

每组样品应妥善包装，避免细料散失，防止污染，并附样品卡片，标明样品的编号、取样时间、代表数量、产地、样品量、要求检验项目及取样方式等。

二、取样方法

每验收批取样方法应按下列规定执行：

（1）从料堆上取样时，取样部位应均匀分布。取样前应先将取样部位表层铲除，然后由各部位抽取大致相等的砂 8 份，石子 16 份，组成各自一组样品。

（2）从皮带运输机上取样时，应在皮带运输机机尾的出料处用接料器定时抽取砂 4份、石子 8 份组成各自一组样品。

（3）从火车、汽车、货船上取样时，应从不同部位和深度抽取大致相等的砂 8 份，石子 16 份组成各自一组样品。

注：如经观察，认为各节车皮间（汽车、货船间）所载的砂、石质量相差甚为悬殊时，应对质量有怀疑的每节列车（汽车、货船）分别取样和验收。

三、结果处理

对于天然砂、天然卵石，除筛分析外，当其余检验项目存在不合格项时，应加倍取样进行复验。当复验仍有一项不满足标准要求时，应按不合格品处理。

第四节　质量要求

一、砂的质量要求［《普通混凝土用砂、石质量及检验方法标准》(JGJ 52—2006)］

（1）砂的粗细程度

砂的粗细程度按细度模数 μ_f 分为粗、中、细、特细四级，其范围应符合下列规定：

粗砂：$\mu_f=3.7\sim3.1$；

中砂：$\mu_f=3.0\sim2.3$；

细砂：$\mu_f=2.2\sim1.6$；

特细砂：$\mu_f=1.5\sim0.7$。

（2）颗粒级配

除特细砂外，砂的颗粒级配可按直径 $630\mu m$ 筛孔的累计筛余量（以质量百分率计）分成Ⅰ、Ⅱ、Ⅲ三个级配区（表4-3），且砂的颗粒级配应处于表4-3中的某一区内。

砂的实际颗粒级配与表4-3中的累计筛余相比，除公称粒径为 $5.00mm$ 和 $630\mu m$（表4-3斜体所标数值）的累计筛余外，其余公称粒径的累计筛余可稍有超出分界线，但总超出量不应大于5%。

当天然砂的实际颗粒级配不符合要求时，宜采取相应的技术措施，并经试验证明能确保混凝土质量后，方允许使用。

配制混凝土时宜优先选用Ⅱ区砂。当采用Ⅰ区砂时，应提高砂率，并保持足够的水泥用量，满足混凝土的和易性；当采用Ⅲ区砂时，宜适当降低砂率；当采用特细砂时，应符合相应的规定。

配制泵送混凝土，宜选用中砂。

砂颗粒级配区　　　　　　　　　　　　　表4-3

累计筛余（%）　　级配区　公称粒径	Ⅰ区	Ⅱ区	Ⅲ区
5.00mm	0～10	0～10	0～10
2.50mm	5～35	0～25	0～15
1.25mm	35～65	10～50	0～25
630μm	71～85	41～70	16～40
315μm	80～95	70～92	55～85
160μm	90～100	90～100	90～100

（3）含泥量

天然砂中含泥量应符合表4-4的规定。

天然砂中含泥量　　　　　　　　　　　　　　　　　表 4-4

混凝土强度等级	≥C60	C30～C55	≤C25
含泥量（按质量计,%)	≤2.0	≤3.0	≤5.0

对于有抗冻、抗渗或其他特殊要求的小于或等于 C25 混凝土用砂，其含泥量不应大于 3.0%。

（4）泥块含量

砂中泥块含量应符合表 4-5 的规定。

砂中泥块含量　　　　　　　　　　　　　　　　　　表 4-5

混凝土强度等级	≥C60	C30～C55	≤C25
泥块含量（按质量计,%)	≤0.5	≤1.0	≤2.0

对于有抗冻、抗渗或其他特殊要求的小于或等于 C25 混凝土用砂，其泥块含量不应大于 1.0%。

（5）石粉含量

人工砂或混合砂中石粉含量应符合表 4-6 的规定。

人工砂或混合砂中石粉含量　　　　　　　　　　　　表 4-6

混凝土强度等级		≥C60	C30～C55	≤C25
石粉含量（%)	$MB<1.4$（合格）	≤5.0	≤7.0	≤10.0
	$MB≥1.4$（不合格）	≤2.0	≤3.0	≤5.0

（6）坚固性

砂的坚固性应采用硫酸钠溶液检验，试样经 5 次循环后，其质量损失应符合表 4-7 的规定。

砂的坚固性指标　　　　　　　　　　　　　　　　　表 4-7

混凝土所处的环境条件及其性能要求	5 次循环后的质量损失（%)
在严寒及寒冷地区室外使用并经常处于潮湿或干湿交替状态下的混凝土 对于有抗疲劳、耐磨、抗冲击要求的混凝土 有腐蚀介质作用或经常处于水位变化区的地下结构混凝土	≤8
其他条件下使用的混凝土	≤10

（7）人工砂的总压碎值指标应小于 30%。

（8）当砂中含有云母、轻物质、有机物、硫化物及硫酸盐等有害物质时，其含量应符合表 4-8 的规定。

砂中的有害物质含量　　　　　　　　表 4-8

项　　目	质量指标
云母含量（按质量计，%）	≤2.0
轻物质含量（按质量计，%）	≤1.0
硫化物及硫酸盐含量（折算成 SO₃ 按质量计，%）	≤1.0
有机物含量（用比色法试验）	颜色不应深于标准色，当颜色深于标准色时，应按水泥胶砂强度试验方法进行强度对比试验，抗压强度比不应低于 0.95

对于有抗冻、抗渗要求的混凝土用砂，其云母含量不应大于 1.0%。

当砂中含有颗粒状的硫酸盐或硫化物杂质时，应进行专门检验，确认能满足混凝土耐久性要求后，方可采用。

（9）对于长期处于潮湿环境的重要混凝土结构用砂，应采用砂浆棒（快速法）或砂浆长度法进行骨料的碱活性检验。经上述检验判断为有潜在危害时，应控制混凝土中的碱含量不超过 $3kg/m^3$，或采用能抑制碱—骨料反应的有效措施。

（10）砂中氯离子含量应符合下列规定：

1）对于钢筋混凝土用砂，其氯离子含量不得大于 0.06%（以干砂的质量百分率计）。

2）对于预应力混凝土用砂，其氯离子含量不得大于 0.02%（以干砂的质量百分率计）。

（11）海砂中贝壳含量应符合表 4-9 的规定。

海砂中贝壳含量　　　　　　　　　　表 4-9

混凝土强度等级	≥C40	C30～C35	C15～C25
贝壳含量（按质量计，%）	≤3	≤5	≤8

对于有抗冻、抗渗或其他特殊要求的小于或等于 C25 混凝土用砂，其贝壳含量不应大于 5%。

二、石的质量要求［《普通混凝土用砂、石质量及检验方法标准》(JGJ 52—2006)］

（1）颗粒级配

碎石或卵石的颗粒级配，应符合表 4-10 的要求。混凝土用石应采用连续粒级。

单粒级宜用于组合成满足要求的连续粒级；也可与连续粒级混合使用，以改善其级配或配成较大粒度的连续粒级。

当卵石的颗粒级配不符合表 4-10 的要求时，应采取措施并经试验证实能确保工程质量后，方允许使用。

碎石或卵石的颗粒级配范围　　　　　表 4-10

级配情况	公称粒级（mm）	累计筛余，按质量（%）											
		方孔筛筛孔边长尺寸（mm）											
		2.36	4.75	9.5	16.0	19.0	26.5	31.5	37.5	53	63	75	90
连续粒级	5～10	95～100	80～100	0～15	0	—	—	—	—	—	—	—	—
	5～16	95～100	85～100	30～60	0～10	0	—	—	—	—	—	—	—
	5～20	95～100	90～100	40～80	—	0～10	0	—	—	—	—	—	—
	5～25	95～100	90～100	—	30～70	—	0～5	0	—	—	—	—	—
	5～31.5	95～100	90～100	70～90	—	15～45	—	0～5	0	—	—	—	—
	5～40	—	95～100	70～90	—	30～65	—	—	0～5	0	—	—	—
单粒级	10～20	—	95～100	85～100	—	0～15	0	—	—	—	—	—	—
	16～31.5	—	95～100	—	85～100	—	—	0～10	0	—	—	—	—
	20～40	—	—	95～100	—	80～100	—	—	0～10	0	—	—	—
	31.5～63	—	—	—	95～100	—	75～100	45～75	—	0～10	0	—	—
	40～80	—	—	—	—	95～100	—	70～100	—	30～60	0～10	0	—

（2）针、片状颗粒含量

碎石或卵石中针、片状颗粒含量应符合表 4-11 的规定。

针、片状颗粒含量　　　　　表 4-11

混凝土强度等级	≥C60	C30～C55	≤C25
针、片状颗粒含量（按质量计,%）	≤8	≤15	≤25

（3）含泥量

碎石或卵石中含泥量应符合表 4-12 的规定。

碎石或卵石中含泥量　　　　　表 4-12

混凝土强度等级	≥C60	C30～C55	≤C25
含泥量（按质量计,%）	≤0.5	≤1.0	≤2.0

对于有抗冻、抗渗或其他特殊要求的混凝土，其所用碎石或卵石中含泥量不应大于 1.0%。当碎石或卵石的含泥是非黏土质的石粉时，其含泥量可由表 4-12 的 0.5%、1.0%、2.0%，分别提高到 1.0%、1.5%、3.0%。

（4）泥块含量

碎石或卵石中泥块含量应符合表 4-13 的规定。

碎石或卵石中泥块含量　　　　　表 4-13

混凝土强度等级	≥C60	C30～C55	≤C25
泥块含量（按质量计,%）	≤0.2	≤0.5	≤0.7

对于有抗冻、抗渗或其他特殊要求的强度等级小于 C30 的混凝土，其所用碎石或卵石中泥块含量不应大于 0.5%。

(5) 碎石的强度可用岩石的抗压强度和压碎值指标表示。岩石的抗压强度应比所配制的混凝土强度至少高 20%。当混凝土强度等级大于或等于 C60 时，应进行岩石抗压强度检验。岩石强度首先应由生产单位提供，工程中可采用压碎值指标进行质量控制。碎石的压碎值指标宜符合表 4-14 的规定。

碎石的压碎值指标　　　　　　　　　　　　　　　　　　表 4-14

岩 石 品 种	混凝土强度等级	碎石压碎值指标（%）
沉积岩	C40～C60	≤10
	≤C35	≤16
变质岩或深成的火成岩	C40～C60	≤12
	≤C35	≤20
喷出的火成岩	C40～C60	≤13
	≤C35	≤30

注：沉积岩包括石灰岩、砂岩等；变质岩包括片麻岩、石英岩等；深成的火成岩包括花岗岩、正长岩、闪长岩和橄榄岩等；喷出的火成岩包括玄武岩和辉绿岩等。

卵石的强度可用压碎值指标表示。其压碎值指标宜符合表 4-15 的规定。

卵石的压碎值指标　　　　　　　　　　　　　　　　　　表 4-15

混凝土强度等级	C40～C60	≤C35
压碎值指标（%）	≤12	≤16

(6) 碎石或卵石的坚固性应用硫酸钠溶液法检验，试样经 5 次循环后，其质量损失应符合表 4-16 的规定。

碎石或卵石的坚固性指标　　　　　　　　　　　　　　　表 4-16

混凝土所处的环境条件及其性能要求	5 次循环后的质量损失（%）
在严寒及寒冷地区室外使用，并经常处于潮湿或干湿交替状态下的混凝土；有腐蚀性介质作用或经常处于水位变化区的地下结构或有抗疲劳、耐磨、抗冲击等要求的混凝土	≤8
在其他条件下使用的混凝土	≤12

(7) 碎石或卵石中的硫化物和硫酸盐含量以及卵石中有机物等有害物质含量，应符合表 4-17 的规定。

当碎石或卵石中含有颗粒状硫酸盐或硫化物杂质时，应进行专门检验，确认能满足混凝土耐久性要求后，方可采用。

碎石或卵石中的有害物质含量 表 4-17

项　目	质量要求
硫化物及硫酸盐含量（折算成 SO_3，按质量计，%）	≤1.0
卵石中有机物含量（用比色法试验）	颜色应不深于标准色，当颜色深于标准色时，应配制成混凝土进行强度对比试验，抗压强度比应不低于0.95

（8）对于长期处于潮湿环境的重要结构混凝土，其所使用的碎石或卵石应进行碱活性检验。

进行碱活性检验时，首先应采用岩相法检验碱活性骨料的品种、类型和数量。当检验出骨料中含有活性二氧化硅时，应采用快速砂浆棒法和砂浆长度法进行碱活性检验；当检验出骨料中含有活性碳酸盐时，应采用岩石柱法进行碱活性检验。

经上述检验，当判定骨料存在潜在碱—碳酸盐反应危害时，不宜用做混凝土骨料；否则，应通过专门的混凝土试验，作最后评定。

当判定骨料存在潜在碱—硅反应危害时，应控制混凝土中的碱含量不超过 $3kg/m^3$，或采用能抑制碱—骨料反应的有效措施。

第五章 混凝土外加剂

第一节 概　　述

混凝土外加剂是在拌制混凝土过程中掺入用以改善混凝土性能的物质，掺量不大于水泥质量的 5%（特殊情况除外）。

一、混凝土外加剂分类

混凝土外加剂按其功能分为四类。

1. 改善混凝土拌合物流变性能的外加剂

包括各种减水剂、引气剂和泵送剂等。

2. 调节混凝土凝结时间、硬化性能的外加剂

包括缓凝剂、早强剂和速凝剂等。

3. 改善混凝土耐久性的外加剂

包括引气剂、防水剂和阻锈剂等。

4. 改善混凝土其他性能的外加剂

包括引气剂、膨胀剂、防冻剂、着色剂、防水剂和泵送剂等。

二、混凝土外加剂名称及定义

随着混凝土技术的迅速发展，列入国家（行业）标准的外加剂包括以下种类。

1. 普通减水剂

在混凝土坍落度基本相同的条件下，能减少拌合用水量的外加剂。

2. 高效减水剂

在混凝土坍落度相同的条件下，能大幅度减少拌合用水量的外加剂。

3. 引气剂

在混凝土搅拌过程中，能引入大量分布均匀的微小气泡，以减少混凝土拌合物泌水离析，改善和易性，并能显著提高硬化混凝土抗冻耐久性的外加剂。

4. 引气减水剂

兼有引气和减水作用的外加剂。

5. 缓凝剂

能延缓混凝土凝结时间，并对混凝土后期强度发展无不利影响的外加剂。

6. 缓凝高效减水剂

兼有缓凝和大幅度减少拌合用水量的外加剂。

7. 早强剂

能加速混凝土早期强度发展，并对后期强度无显著影响的外加剂。

8. 早强减水剂

兼有早强和减水作用的外加剂。

9. 防冻剂

能使混凝土在负温下硬化，并在规定养护条件下达到预期性能的外加剂。

10. 膨胀剂

能使混凝土（砂浆）在水化过程中产生一定的体积膨胀，并在有约束的条件下产生适当自应力的外加剂。

11. 泵送剂

能改善混凝土拌合物泵送性能的外加剂。

12. 防水剂

能降低砂浆、混凝土在静水压力下透水性的外加剂。

13. 速凝剂

能使混凝土迅速凝结硬化的外加剂。

14. 高性能减水剂

比高效减水剂具有更高减水率、更好坍落度保持性能、较小干燥收缩，且具有一定引气性能的减水剂。

第二节 取样方法

一、相关验收规范进场检验

《混凝土结构工程施工质量验收规范》（GB 50204—2015）中关于外加剂进场时的检验规定如下：

混凝土外加剂进场时，应对其品种、性能、出厂日期等进行检查，并应对外加剂的相关性能指标进行检验，检验结果应符合现行国家标准《混凝土外加剂》（GB 8076—2008）和《混凝土外加剂应用技术规范》（GB 50119—2013）的规定。

检查数量：按同一厂家、同一品种、同一性能、同一批号且连续进场的混凝土外加剂，不超过 50t 为一批，每批抽样数量不应少于一次。

检验方法：检查质量证明文件和抽样检验报告。

《混凝土外加剂应用技术规范》（GB 50119—2013）关于外加剂进场检验规定如下：

1. 检验批代表批量

（1）普通减水剂、高效减水剂、聚羧酸系高性能减水剂、引气减水剂、早强剂、泵送剂、速凝剂、防水剂、阻锈剂

应按每 50t 为一检验批，不足 50t 时也应按一个检验批计。每一检验批取样量不应少于 0.2t 胶凝材料所需用的减水剂量。每一检验批取样应充分混匀，并应分为两等份，其中一份应按规范规定的项目及要求进行检验，每检验批检验不得少于两次；另一份应密封留样保存半年，有疑问时，应进行对比检验。

（2）引气剂、缓凝剂、防冻剂

引气剂应按每 10t 为一检验批，不足 10t 时也应按一个检验批计；缓凝剂应按每 20t 为

一检验批，不足 20t 时也应按一个检验批计；防冻剂应按每 100t 为一检验批，不足 100t 时也应按一个检验批计。每一检验批取样量不应少于 0.2t 胶凝材料所需用的减水剂量。每一检验批取样应充分混匀，并应分为两等份，其中一份应按规范规定的项目及要求进行检验，每检验批检验不得少于两次；另一份应密封留样保存半年，有疑问时，应进行对比检验。

（3）膨胀剂

应按每 200t 为一检验批，不足 200t 时也应按一个检验批计。每一检验批取样量不应少于 10kg。每一检验批取样应充分混匀，并应分为两等份，其中一份应按规范规定的项目及要求进行检验，每检验批检验不得少于两次；另一份应密封留样保存半年，有疑问时，应进行对比检验。

2. 检验项目

普通减水剂进场检验项目应包括减水率，早强型普通减水剂还应检验 1d 抗压强度比，缓凝型普通减水剂还应检验凝结时间差。

高效减水剂进场检验项目应包括 pH 值、密度（或细度）、含固量（或含水率）、减水率，缓凝型高效减水剂还应检验凝结时间差。

聚羧酸系高性能减水剂进场检验项目应包括 pH 值、密度（或细度）、含固量（或含水率）、减水率，早强型聚羧酸系高性能减水剂应测 1d 抗压强度比，缓凝型聚羧酸系高性能减水剂还应检验凝结时间差。

引气剂及引气减水剂进场时，检验项目应包括 pH 值、密度（或细度）、含固量（或含水率）、含气量、含气量经时损失，引气减水剂还应检测减水率。

早强剂进场检验项目应包括密度（或细度）、含固量（或含水率）、碱含量、氯离子含量和 1d 抗压强度比。

缓凝剂进场时检验项目应包括密度（或细度）、含固量（或含水率）和混凝土凝结时间差。

泵送剂进场检验项目应包括 pH 值、密度（或细度）、含固量（或含水率）、减水率和坍落度 1h 经时变化值。

防冻剂进场检验项目应包括氯离子含量、密度（或细度）、含固量（或含水率）、碱含量和含气量，复合类防冻剂还应检测减水率。

速凝剂进场时检验项目应包括密度（或细度）、水泥净浆初凝和终凝时间。

膨胀剂进场时检验项目应为水中 7d 限制膨胀率和细度。

防水剂进场检验项目应包括密度（或细度）、含固量（或含水率）。

阻锈剂进场检验项目应包括 pH 值、密度（或细度）、含固量（或含水率）。

二、相关产品标准规定

1. 高性能减水剂、高效减水剂、普通减水剂、引气减水剂、泵送剂、早强剂、缓凝剂、引气剂

根据《混凝土外加剂》（GB 8076—2008）规定，生产厂应根据产量和生产设备条件，将产品分批编号。掺量大于 1%（含 1%）同品种的外加剂每一批号为 100t，掺量小于 1% 的外加剂每一批号为 50t，不足 100t 或 50t 的也按一个批量计，同一批号的产品必须混合均匀。

每一批号取样量不少于 0.2t 水泥所需用的外加剂量。

每一批号取样应充分混匀，分为两等份，其中一份按《混凝土外加剂》（GB 8076—

2008）标准规定的项目进行试验，另一份密封保存半年，以备有疑问时，提交国家指定的检验机关进行复验或仲裁。

2. 混凝土膨胀剂

根据《混凝土膨胀剂》（GB/T 23439—2017），膨胀剂按同类型编号和取样。袋装和散装膨胀剂应分别进行编号和取样。膨胀剂出厂编号按生产能力规定：日产量超过 200t 时，以不超过 200t 为一编号；不足 200t 时，以日产量为一编号。每一编号为一取样单位，取样方法按《水泥取样方法》（GB/T 12573—2008）进行。取样应具有代表性，可连续取，也可从 20 个以上不同部位取等量样品，总量不小于 10kg。

每一编号取得的试样应充分混匀，分为两等份。一份为检验样，一份为封存样，密封保存 180d。

3. 砂浆、混凝土防水剂

根据《砂浆、混凝土防水剂》（JC 474—2008）规定，生产厂应根据产量和生产设备条件，将产品分批编号。年产不小于 500t 的每 50t 为一批；年产 500t 以下的每 30t 为一批；不足 50t 或者 30t 的，也按照一个批量计。同一批号的产品必须混合均匀。

每一批取样量不少于 0.2t 水泥所需用的外加剂量。

每一批取样应充分混合均匀，分为两等份，其中一份按《混凝土外加剂》（GB 8076—2008）标准规定的方法与项目进行试验。另一份密封保存半年，以备有疑问时，提交国家指定的检验机关进行复验或仲裁。

4. 混凝土防冻剂

根据《混凝土防冻剂》（JC 475—2004）规定，同一品种的防冻剂，每 50t 为一批，不足 50t 也可作为一批。取样应具有代表性，可连续取，也可以从 20 个以上不同部位取等量样品。液体防冻剂取样时应注意从容器的上、中、下三层分别取样，每批取样量不少于 0.15t 水泥所需用的防冻剂量（以其最大掺量计）。

每批取得的试样应充分混匀，分为两等份。一份进行试验，另一份密封保存半年，以备有争议时提交国家指定的检验机构进行复验或仲裁。

5. 混凝土速凝剂

根据《喷射混凝土用速凝剂》（GB/T 35159—2017）规定，同类产品每 50t 为一批号，不足 50t 也可按一批量计。取样可采用点样或混合样。点样是在一次生产产品时所取得的一个试样；混合样是三个或更多的点样等量均匀混合而取得的试样。

每一批号取样量不少于 4kg。试样应充分混匀，分为两等份。其中一份进行试验；另一份封存样，密封保存至有效期，以备有疑问时，提交国家指定的检验机关进行复验或仲裁。

第三节 质量要求

一、高性能减水剂、高效减水剂、普通减水剂、引气减水剂、泵送剂、早强剂、缓凝剂、引气剂（GB 8076—2008）

1. 受检混凝土性能指标

受检混凝土性能指标应符合表 5-1 的要求。

受检混凝土性能指标

表 5-1

项目	高性能减水剂 HPWR			高效减水剂 HWR		普通减水剂 WR			引气减水剂 AEWR	泵送剂 PA	早强剂 Ac	缓凝剂 Re	引气剂 AE
	早强型 HPWR-A	标准型 HPWR-S	缓凝型 HPWR-R	标准型 HWR-S	缓凝型 HWR-R	早强型 WR-A	标准型 WR-S	缓凝型 WR-R					
减水率 (%)，不小于	25	25	25	14	14	8	8	8	10	12	—	—	6
泌水率比 (%)，不大于	50	60	70	90	100	95	100	100	70	70	100	100	70
含气量 (%)	≤6.0	≤6.0	≤6.0	≤3.0	≤4.5	≤4.0	≤4.0	≤5.5	≥3.0	≤5.5	—	—	≥3.0
凝结时间之差 (min) 初凝 / 终凝	−90～+90	−90～+120	>+90	−90～+120	>+90	−90～+90	−90～+120	>+90	−90～+120	—	−90～+90	>+90	−90～+120
坍落度 (mm)	—	≤80	≤60	—	—	—	—	—	—	≤80	—	—	—
1h经时变化量 含气量 (%)	—	—	—	—	—	—	—	—	−1.5～+1.5	—	—	—	−1.5～+1.5
抗压强度比 (%)，不小于 1d	180	170	—	140	—	135	—	—	—	—	135	—	—
3d	170	160	—	130	—	130	115	110	115	—	130	—	95
7d	145	150	140	125	125	110	115	110	110	115	110	100	95
28d	130	140	130	120	120	100	110	110	100	110	100	100	90
收缩率比 (%)，不大于 28d	110	110	110	135	135	135	135	135	135	135	135	135	135
相对耐久性 (%)(200次)，不小于	—	—	—	—	—	—	—	—	80	—	—	—	80

注：1. 表中抗压强度比、收缩率比、相对耐久性能为强制性指标，其余为推荐性指标。

2. 除含气量和相对耐久性外，表中所列数据为掺外加剂混凝土与基准混凝土的差值或比值。

3. 凝结时间之差性能指标中的"－"号表示提前，"＋"号表示延缓。

4. 相对耐久性（200次）性能指标中的"＞80"表示将 28d 龄期的受检混凝土试件快速冻融循环 200 次后，动弹性模量保留值≥80%。

5. 1h 含气量经时变化量指标中的"－"号表示含气量增加，"＋"号表示含气量减少。

6. 其他品种的外加剂是否需要测定相对耐久性指标，由供需双方协商确定。

7. 当用户对泵送剂等产品有特殊要求时，需要进行的补充试验项目、试验方法指标及指标，由供需双方协商确定。

2. 匀质性指标

匀质性指标应符合表 5-2 的要求。

<table>
<tr><td colspan="2" style="text-align:center">匀质性指标</td><td style="text-align:right">表 5-2</td></tr>
</table>

试验项目	指　标
氯离子含量（%）	不超过生产厂控制值
总减量（%）	不超过生产厂控制值
含固量（%）	$S>25\%$时，应控制在 $0.95S\sim1.05S$
	$S\leqslant25\%$时，应控制在 $0.90S\sim1.10S$
含水率（%）	$W>5\%$时，应控制在 $0.90W\sim1.10W$
	$S\leqslant5\%$时，应控制在 $0.80W\sim1.20W$
密度（g/cm³）	$D>1.1$时，应控制在 $D\pm0.03$
	$D\leqslant1.1$时，应控制在 $D\pm0.02$
细度	应在生产厂控制值范围内
pH 值	应在生产厂控制值范围内
硫酸钠含量（%）	不超过生产厂控制值

注：1. 生产厂应在相关的技术资料中明示产品匀质性指标的控制值。

　　2. 对相同和不同批次之间的匀质性和等效性的其他要求，可由供需双方商定。

　　3. 表中的 S、W 和 D 分别为含固量、含水率和密度的生产厂控制值。

二、混凝土膨胀剂（GB/T 23439—2017）

1. 化学成分

（1）氧化镁

混凝土膨胀剂中的氧化镁含量应不大于 5%。

（2）碱含量（选择性指标）

混凝土膨胀剂中的碱含量按 $Na_2O+0.658K_2O$ 计算值表示。若使用活性骨料，用户要求提供低碱混凝土膨胀剂时，混凝土膨胀剂中的碱含量应不大于 0.75%，或由供需双方协商确定。

2. 物理性能

混凝土膨胀剂的物理性能指标应符合表 5-3 的规定。

三、砂浆、混凝土防水剂（JC 474—2008）

1. 匀质性指标

匀质性指标应符合表 5-4 的规定。

2. 受检砂浆的性能指标

受检砂浆的性能应符合表 5-5 的规定。

混凝土膨胀剂性能指标 　　表 5-3

项　　目			指标值	
			Ⅰ型	Ⅱ型
细度	比表面积（m²/kg）	≥	200	
	1.18mm 筛筛余（%）	≤	0.5	
凝结时间	初凝（min）	≥	45	
	终凝（min）	≤	600	
限制膨胀率（%）	水中 7d	≥	0.035	0.050
	空气中 21d	≥	−0.015	−0.010
抗压强度（MPa）	7d	≥	22.5	
	28d	≥	42.5	

匀质性指标 　　表 5-4

试验项目	指　　标	
	液　　体	粉　　体
密度（g/cm³）	$D>1.1$ 时，要求为 $D\pm0.03$； $D\leqslant1.1$ 时，要求为 $D\pm0.02$ D 是生产厂提供的密度值	—
氯离子含量（%）	应小于生产厂最大控制值	应小于生产厂最大控制值
总碱量（%）	应小于生产厂最大控制值	应小于生产厂最大控制值
细度（%）	—	0.315mm 筛筛余应小于 15%
含水率（%）	—	$W\geqslant5\%$ 时，$0.90W\leqslant X<1.10W$； $W<5\%$ 时，$0.90W\leqslant X<1.20W$ W 是生产厂提供的含水率（质量）（%）； X 是测试的含水率（质量）（%）
固体含量（%）	$S\geqslant20\%$，$0.95S\leqslant X<1.05S$； $S<20\%$，$0.90S\leqslant X<1.10S$ S 是生产厂提供的固体含量（质量）（%）； X 是测试的固体含量（质量）（%）	

注：生产厂应在产品说明书中明示产品匀质性指标的控制值。

受检砂浆的性能指标 表 5-5

试 验 项 目		性 能 指 标	
		一 等 品	合 格 品
安定性		合格	合格
凝结时间	初凝（min） ≥	45	45
	终凝（h） ≤	10	10
抗压强度比（%） ≥	7d	100	85
	28d	90	80
透水压力比（%） ≥		300	200
吸水量比（48h）（%） ≤		65	75
收缩率比（28d）（%） ≤		125	135

注：安定性和凝结时间为受检净浆的试验结果，其他项目数据均为受检砂浆与基准砂浆的比值。

3. 受检混凝土的性能指标

受检混凝土的性能应符合表 5-6 的规定。

受检混凝土的性能指标 表 5-6

试 验 项 目		性 能 指 标	
		一 等 品	合 格 品
安定性		合格	合格
凝结时间（min） ≥	初凝	-90^{a}	-90
抗压强度比（%） ≥	3d	100	90
	7d	110	100
	28d	100	90
渗透高度比（%） ≤		30	40
吸水量比（48h）（%） ≤		65	75
收缩率比（28d）（%） ≤		125	135

注：安定性为受检净浆的试验结果，凝结时间差为受检混凝土与基准混凝土的差值，表中其他数据为受检混凝土与基准混凝土的比值。

[a] "—" 表示提前。

四、混凝土防冻剂（JC 475—2004）

1. 防冻剂的匀质性

防冻剂的匀质性应符合表 5-7 的要求。

2. 掺防冻剂混凝土性能

掺防冻剂混凝土性能应符合表 5-8 的要求。

防冻剂匀质性指标 表 5-7

序号	试验项目	指标
1	固体含量（%）	液体防冻剂： $S \geq 20\%$，$0.95S \leq X < 1.05S$； $S < 20\%$，$0.90S \leq X \leq 1.10S$； S 是生产厂提供的固体含量（质量）（%）； X 是测试的固体含量（质量）（%）
2	含水率（%）	粉状防冻剂： $W \geq 5\%$，$0.90W \leq X < 1.10W$； $W < 5\%$，$0.80W \leq X < 1.20W$； W 是生产厂提供的含水率（质量）（%）； X 是测试的含水率（质量）（%）
3	密度	液体防冻剂： $D > 1.1$ 时，要求为 $D \pm 0.03$； $D \leq 1.1$ 时，要求为 $D \pm 0.02$； D 是生产厂提供的密度值
4	氯离子含量（%）	无氯盐防冻剂：$\leq 0.1\%$（质量百分比）
		其他防冻剂：不超过生产厂控制值
5	碱含量（%）	不超过生产厂提供的最大值
6	水泥净浆流动度（mm）	应不小于生产厂控制值的 95%
7	细度（%）	粉状防冻剂细度应不超过生产厂提供的最大值

掺防冻剂混凝土性能 表 5-8

序号	试验项目		性能指标					
			一 等 品			合 格 品		
1	减水率（%），不小于		10			—		
2	泌水率比（%），不大于		80			100		
3	含气量（%），不小于		2.5			2.0		
4	凝结时间差（min）	初凝	$-150 \sim +150$			$-210 \sim +210$		
		终凝						
5	抗压强度比（%），不小于	规定温度（℃）	-5	-10	-15	-5	-10	-15
		R_{-7}	20	12	10	20	10	8
		R_{28}	100		95	95		90
		R_{-7+28}	95	90	85	90	85	80
		R_{-7+56}	100			100		
6	28d 收缩率比（%），不大于		135					
7	渗透高度比（%），不大于		100					
8	50 次冻融强度损失率比（%），不大于		100					
9	对钢筋锈蚀作用		应说明对钢筋有无锈蚀作用					

3. 释放氨量

含有氨或氨基类的防冻剂释放氨量应符合《混凝土外加剂中释放氨的限量》（GB 18588—2001）规定的限值。

五、喷射混凝土用速凝剂（JC/T 477—2005）

1. 匀质性指标

匀质性指标应符合表 5-9 的要求。

速凝剂匀质性指标

表 5-9

项　　目	指　　标	
	液体速凝剂 FSA-L	粉状速凝剂 FSA-P
密度/（g/cm³）	$D>1.1$ 时，应控制在 $D\pm0.03$ $D\leqslant1.1$ 时，应控制在 $D\pm0.02$	—
pH 值	$\geqslant2.0$，且应在生产厂控制值的 ±1 之内	—
含水率/%	—	$\leqslant2.0$
细度（80μm 方孔筛筛余）/%	—	$\leqslant15$
含固量/%	$S>25$ 时，应控制在 $0.95S\sim1.05S$ $S\leqslant25$ 时，应控制在 $0.90S\sim1.10S$	—
稳定性（上清液或底部沉淀物体积）/mL	$\leqslant5$	—
氯离子含量/%	$\leqslant0.1$	
碱含量（按当量 Na_3O 含量计）/%	应小于生产厂控制值，其中无碱速凝剂$\leqslant1.0$	

生产厂应在相关的技术资料中明示产品密度、pH 值、含固量和碱含量的生产厂控制值。

注 1：对相同和不同编号产品之间的匀质性和等效性的其他要求，可由供需双方商定。

注 2：表中 D 和 S 分别为密度和含固量的生产厂控制值。

2. 掺速凝剂的净浆和硬化砂浆性能指标

掺速凝剂的净浆和硬化砂浆性能应符合表 5-10 的要求。

掺加速凝剂的净浆及硬化砂浆性能

表 5-10

项　　目		指　　标	
		无碱速凝剂 FSA-AF	有碱速凝剂 FSA-A
净浆凝结时间	初凝时间/min	$\leqslant5$	
	终凝时间/min	$\leqslant12$	
砂浆强度	1d 抗压强度/MPa	$\geqslant7.0$	
	28d 抗压强度比/%	$\geqslant90$	$\geqslant70$
	90d 抗压强度保留率/%	$\geqslant100$	$\geqslant70$

第六章 混 凝 土

第一节 概 述

混凝土是由胶凝材料、水、粗细骨料，必要时掺入一定数量的化学外加剂和矿物质混合材料，按适当比例配合，经均匀搅拌、密实成型和养护硬化而成的人造石材。

一、混凝土的分类

根据所采用胶凝材料的不同混凝土可分为：无机胶凝材料混凝土，有机胶凝材料混凝土和无机有机复合胶凝材料混凝土。

1. 无机胶凝材料混凝土

（1）水泥混凝土（普通混凝土）

混凝土的胶凝材料是水泥类。包括硅酸盐水泥、普通硅酸盐水泥、矿渣硅酸盐水泥、火山灰质硅酸盐水泥、粉煤灰硅酸盐水泥、复合硅酸盐水泥，以及高铝水泥、铝酸盐水泥等。

在建设工程中，用量最大和用途最广的是水泥混凝土。其分类如下：

1）按表观密度分

① 特重混凝土：表观密度大于 $2800kg/m^3$，含有较重的粗细骨料，如钢屑、重晶石、褐铁矿石等。

② 普通混凝土：表观密度为 $2000\sim2800kg/m^3$，以普通石子（碎石和卵石）和砂（以河砂为主）为粗细骨料。

③ 轻（质）混凝土：表观密度不大于 $1950kg/m^3$ 的混凝土。其又分为：

A. 轻骨料混凝土：表观密度为 $800\sim1950kg/m^3$，轻骨料为浮石、火山渣、陶粒、膨胀珍珠岩等。

B. 多孔混凝土：表观密度一般在 $600kg/m^3$ 以下，如泡沫混凝土、加气混凝土等。

2）按使用功能分为结构混凝土、水工混凝土、道路混凝土、特种混凝土等。

3）按施工工艺分为普通浇筑混凝土、离心成型混凝土、喷射混凝土、泵送混凝土等。

4）按配筋情况分为素（即无筋）混凝土、钢筋混凝土、钢丝网混凝土、纤维混凝土、预应力混凝土等。

5）按混凝土强度等级分为：

① 低强度等级混凝土：强度等级≤C30。

② 一般混凝土（即常用混凝土）：强度等级大于 C30 或小于 C60。

③ 高强混凝土：强度等级≥C60。

④ 超高强混凝土：强度等级≥C100。

6）按混凝土拌合料稠度分为：

① 以维勃稠度分为超干硬性混凝土、特干硬性混凝土、干硬性混凝土、半干硬性混凝土。

② 以坍落度分为低塑性混凝土、塑性混凝土、流动性混凝土、大流动性混凝土。

（2）石灰—硅质胶结混凝土（硅酸盐混凝土）

混凝土的胶凝材料是天然水泥、含黏土的不纯石灰石烧成的熟化物、火山灰或岩石风化物等活性硅、含铝化合物和消石灰的混合物。

（3）石膏混凝土

混凝土的胶凝材料是天然石膏及其副产品和加工改性产品。

（4）镁质水泥混凝土

混凝土的胶凝材料是在菱苦土中加入氧化镁。

（5）硫黄混凝土

混凝土的胶凝材料是硫黄加热融熔后与粗细骨料拌匀，冷却即硬化。

2. 有机胶凝材料混凝土

（1）沥青混凝土

混凝土的胶结料是天然沥青（岩沥青及湖沥青）、人造沥青。

（2）树脂混凝土

混凝土的胶结料是粘结力较强的天然或合成树脂（热硬性）。

3. 无机有机复合胶凝材料混凝土

（1）聚合物水泥混凝土

混凝土的胶结料是将乳状或水溶性聚合物（108 胶）掺入水泥中拌匀后，再与粗细骨料拌匀而形成的混凝土。

（2）聚合物浸渍混凝土

将水泥混凝土基材在低黏度单体中浸渍，用热或射线使其表面固化而形成的混凝土。

二、混凝土拌合物及其性质

混凝土各组成材料按一定比例，经搅拌均匀后，尚未凝结硬化的材料称为混凝土拌合物，又称混凝土混合物或新拌混凝土。

混凝土拌合物的各项性质将直接影响硬化混凝土的质量。

混凝土拌合物主要性质为和易性。和易性是指混凝土拌合物的施工操作难易程度和抵抗离析作用程度的性质。混凝土拌合物应具有良好的和易性。和易性是一个综合性的技术指标，它包括流动性、黏聚性和保水性这三个主要方面。

1. 流动性（稠度）

混凝土拌合物在本身自重或施工机械振捣作用下，能产生流动并均匀密实地填满模板中各个角落的性能。流动性好，操作方便，易于捣实、成型。

2. 黏聚性

混凝土拌合物在施工过程中相互间有一定黏聚力，不分层，能保持整体均匀的性能。在外力作用下，混凝土拌合物各组成材料的沉降各不相同，如果配合比例不当，黏聚性差，则施工中易发生分层（即混凝土拌合物各组分出现层状分离现象）、离析（即混凝土拌合物内某些组分分离、析出现象）、泌水等情况。致使混凝土硬化后产生"蜂窝"、"麻面"等缺陷，影响混凝土强度和耐久性。

3. 保水性

混凝土拌合物保持水分不易析出的能力。保水性差的混凝土拌合物，在运输与浇捣过程中，在凝结硬化前很易泌水（又称析水，从水泥浆中泌出部分拌合水的现象），并聚集到混凝土表面，引起表面疏松，或积聚在骨料或钢筋的下表面形成孔隙，从而削弱了骨料或钢筋与水泥石的粘结力，影响混凝土的质量。

三、混凝土硬化后的性质

混凝土硬化后主要性质为强度和耐久性。

1. 混凝土强度

混凝土强度有立方体抗压强度、抗拉强度及抗折强度等。

（1）混凝土立方体抗压强度

混凝土立方体抗压强度是评定混凝土质量的主要指标。

1）混凝土的强度等级是按立方体抗压强标准值来划分的。混凝土有 C10、C15、C20、C25、C30、C35、C40、C45、C50、C55、C60、C65、C70、C75、C80 等强度等级。

2）混凝土立方体抗压强度标准值系按标准方法制作和养护的边长为 150mm 的立方体试块，在 28d 龄期，用标准试验方法测得的抗压强度总体分布中的一个值，强度低于该值的百分率不超过 5%，用 $f_{cu,k}$ 表示，其计量单位用 N/mm² 表示。

（2）混凝土抗拉强度

其值只有抗压强度的 1/18～1/9。因此，设计中一般是不考虑混凝土承受拉力的，但混凝土抗拉强度对混凝土的抗裂性却起着重要作用。为此对某些工程（如路面板、水槽、拱坝等工程项目），在提出抗压强度的同时，还必须提出抗拉强度的要求，以满足抗裂性要求。

测定混凝土抗拉强度的试验方法有两种：轴心拉伸法和劈裂法。轴心拉伸试验难度大，故一般都用劈拉试验来间接地取得其轴拉强度。

（3）混凝土抗折强度

混凝土抗折强度是指混凝土抗弯曲强度。

2. 混凝土的耐久性

混凝土耐久性是指混凝土在实际使用条件下抵抗各种破坏因素作用，长期保持强度和外观完整性的能力，主要包括抗冻性、抗渗性、抗碳化性能、碱—骨料反应及风化性能等。

（1）抗冻性

混凝土试件成型后，经过标准养护或同条件养护后，在规定的冻融循环制度下保持强度和外观完整性的能力，称为混凝土的抗冻性。

冻融循环作用是造成混凝土破坏的主要因素之一，由此，抗冻性是评定混凝土耐久性的重要指标。

由于试验方法不同，其抗冻性指标可用抗冻等级或耐久性系数等表示。抗冻等级是按标准方法将试件进行冻融循环，以同时满足强度损失不超过 25%，质量损失不超过 5% 时所能承受的最大冻融循环次数来确定，抗冻等级可分为 F25、F50、F100、F150 等。

混凝土的密实度和孔隙特征是决定抗冻性的重要因素。提高混凝土抗冻性可采用加气混凝土或密实混凝土及选择适宜的水灰比等。

（2）抗渗性

混凝土抵抗压力水渗透的性能，称为混凝土的抗渗性。

我国一般多采用抗渗等级来表示混凝土的抗渗性。

混凝土抗渗等级是根据 28d 龄期的标准试件，采用标准试验方法，以每 6 个试件中 4 个未出现渗水的最大水压表示。分级为 P6、P8、P10、P12。

混凝土中水灰比对抗渗起决定作用，增大水灰比时，混凝土密实度降低，其抗渗性变坏。

抗渗性的好坏直接影响混凝土的耐久性。

混凝土渗水的主要原因是混凝土中多余水分蒸发留下的孔道；混凝土拌合物由于泌水，在粗骨料颗粒与钢筋下缘形成的水膜或由于泌水留下的通道，在压力水作用下就形成连通渗水管道。另外，施工处理不好、捣固不密实，都易形成渗水孔道和缝隙。若水浸入因冰冻等作用，对钢筋混凝土还会引起钢筋的锈蚀和使保护层开裂、剥落。

提高混凝土抗渗性的根本措施是增强混凝土的密实度。

（3）抗腐（侵）蚀性

当混凝土不密实，外界侵蚀性介质就会通过内部的孔隙或毛细管通路，侵到硬化水泥浆内部进行化学反应，引起混凝土的腐蚀破坏。

混凝土的抗腐（侵）蚀性与混凝土的密实度、孔隙特征和水泥品种等有关。

（4）混凝土表面（层）碳化

它是混凝土的一项重要的长期性能，其直接影响混凝土对钢筋的保护作用。

混凝土硬化后，由于水泥水化生成氢氧化钙，故呈碱性。碱性物质使钢筋表面生成难溶的 Fe_2O_3 和 Fe_3O_4 称为钝化膜，对钢筋有良好的保护作用。

当空气中的 CO_2 气体渗透到混凝土内，与其碱性物质起化学反应后生成碳酸盐和水，使混凝土碱度降低的过程称为混凝土碳化，又称中性化。

由于碳化，使混凝土的碱度降低，当碳化深度超过混凝土保护层时，在有水和空气存在的条件下，会使混凝土失去对钢筋的保护作用，钢筋开始生锈，这就会引起体积膨胀使混凝土保护层遭受破坏，从而发生沿钢筋界面出现裂缝以及混凝土保护层剥落等现象，这又会进一步腐蚀钢筋。另外，碳化还将显著地增加混凝土的收缩，使混凝土抗拉、抗折强度降低。

处于水中的混凝土，水阻止了二氧化碳与混凝土接触，所以混凝土不会被碳化（水中溶有二氧化碳除外）；混凝土处于特别干燥条件下，由于缺乏二氧化碳与氢氧化钙反应所需要的水分，故碳化也不能进行。

（5）碱—骨料反应

碱活性骨料是指能与水泥中碱发生化学反应，引起混凝土膨胀、开裂、甚至破坏的骨料，这种化学反应称为碱—骨料反应。这种反应有三种类型：

1）碱—氧化硅反应：碱与骨料中活性 SiO_2 发生反应，生成碱性硅酸盐凝胶，吸水膨胀，引起混凝土膨胀、开裂。活性骨料有：蛋白石、玉髓、鳞石英、玛瑙、安山岩、凝灰岩等。

2）碱—硅酸盐反应：碱与某些层状硅酸盐骨料（如千枚岩、粉砂岩和含蛭石的黏土岩等加工成的骨料）反应，产生膨胀物质。其作用比碱—氧化硅反应来得缓慢，但其后果更为严重，造成混凝土严重膨胀、开裂。

3）碱—碳酸盐反应：水泥中的碱（Na_2O、K_2O）与白云岩或白云岩质石灰石加工成的骨料作用，生成膨胀物质而使混凝土开裂破坏。

上述三种反应均须具备以下三个条件：一是水泥中含碱量必须高（大于 0.6%）；二是骨料中含有一定的活性成分；三是应有水存在。

其预防措施有：

① 当水泥中碱含量大于 0.6% 时，需对骨料进行碱—骨料反应试验；当骨料中活性成分含量高，可能引起碱—骨料反应时，应根据混凝土结构或构件的使用条件，进行专门试验，以确定是否可用。

② 如必须采用的骨料是碱活性的，就必须选用低碱水泥（当量 $Na_2O < 0.6\%$），并限制混凝土总碱量不超过 $2.0 \sim 3.0 kg/m^3$。

③ 如无低碱水泥，则应掺入足够的活性混合材料，如粉煤灰不小于 30%，矿渣不小于 30% 或硅灰不小于 7%，以缓解破坏作用。

④ 碱—骨料反应的必要条件是水分。混凝土构件长期在潮湿环境中（即在有水的条件下）会助长发生碱—骨料反应；而干燥状态下则不会发生反应，所以混凝土渗透性对碱—骨料反应有很大的影响，应保证混凝土密实性和重视建筑物排水，避免混凝土表面积水和接缝存水。

第二节 取 样 方 法

一、混凝土试样取样的依据

（1）《混凝土结构工程施工质量验收规范》（GB 50204—2015）；

（2）《普通混凝土力学性能试验方法标准》（GB/T 50081—2002）；

（3）《普通混凝土长期性能和耐久性试验方标准》（GB/T 50082—2009）；

（4）《普通混凝土拌合物性能试验方法标准》（GB/T 50080—2016）；

（5）《地下防水工程质量验收规范》（GB 50208—2011）；

（6）《混凝土耐久性检验评定标准》（JGJ/T 193—2009）。

二、普通混凝土力学性能试样

1. 试件的尺寸

试件的尺寸应根据混凝土中骨料的最大粒径按表 6-1 选定。

混凝土试件尺寸选用表 表 6-1

试件横截面尺寸（mm）	骨料最大粒径（mm）	
	劈裂抗拉强度试验	其他试验
100×100	20	31.5
150×150	40	40
200×200	—	63

2. 试件的形状

（1）抗压强度和劈裂抗拉强度试件应符合下列规定：

1）边长为 150mm 的立方体试件是标准试件。

2）边长为 100mm 和 200mm 的立方体试件是非标准试件。

3）在特殊情况下，可采用 $\phi 150 \times 300$ 的圆柱体标准试件或 $\phi 100 \times 200$ 和 $\phi 200 \times 400$ 的圆柱体非标准试件。

（2）轴心抗压强度和静力受压弹性模量试件应符合下列规定：

1）边长为 150mm×150mm×300mm 的棱柱体试件是标准试件。

2）边长为 100mm×100mm×300mm 和 200mm×200mm×400mm 的棱柱体试件是非标准试件。

3）在特殊情况下，可采用 $\phi 150 \times 300$ 的圆柱体标准试件或 $\phi 100 \times 200$ 和 $\phi 200 \times 400$ 的圆柱体非标准试件。

（3）抗折强度试件应符合下列规定：

1）边长为 150mm×150mm×600mm（或 550mm）的棱柱体试件是标准试件。

2）边长为 100mm×100mm×400mm 的棱柱体试件是非标准试件。

3. 尺寸公差

（1）试件的承压面的平面度公差不得超过 $0.0005d$（d 为边长）。

（2）试件的相邻面间的夹角应为 90°，其公差不得超过 0.5°。

（3）试件各边长、直径和高的尺寸的公差不得超过 1mm。

4. 试件数量

普通混凝土力学性能试验以 3 个试件为一组。

三、普通混凝土长期性能及耐久性能试样

（1）普通混凝土抗渗性试验试模应采用上口内部直径为 175mm，下口内部直径（D）为 185mm 和高度为 150mm 的圆台体。

抗水渗透试验应以 6 个试件为一组。试块在移入标准养护室以前，试件拆模后，应用钢丝刷刷去两端面的水泥薄膜，并立即将试件送入标准养护室进行养护。抗水渗透试验的龄期宜为 28d。

（2）普通混凝土抗冻性能试验试件的尺寸同立方体抗压强度试件尺寸。每次试验所需的试件组数应符合表 6-2 的规定，每组试件应为 3 块。

慢冻法试验所需的试件组数　　　　　　　　　　　表 6-2

设计抗冻强度等级	F25	F50	F100	F150	F200	F250	F300	F300 以上
检查强度所需冻融次数	25	50	50 及 100	100 及 150	150 及 200	200 及 250	250 及 300	300 及设计次数
鉴定 28d 强度所需试件组数	1	1	1	1	1	1	1	1
冻融试件组数	1	1	2	2	2	2	2	2
对比试件组数	1	1	2	2	2	2	2	2
总计试件组数	3	3	5	5	5	5	5	5

快冻法抗冻试验应采用尺寸为 100mm×100mm×400mm 的棱柱体试件，每组试件应为 3 块。

（3）普通混凝土收缩试验试件尺寸为 100mm×100mm×515mm 的棱柱体试件，每组应为 3 个试件。采用卧式混凝土收缩仪时，试件两端应预埋测头或留有埋设测头的凹槽。采用立式混凝土收缩仪时，试件一端中心应预埋测头，另外一端宜采用 M20×35 的螺栓，并应与立式混凝土收缩仪底座固定。螺栓和测头都应预埋进去。

四、混凝土试件的取样

1. 工程现场混凝土

《混凝土结构工程施工质量验收规范》（GB 50204—2015）中关于混凝土试块取样的规定如下：

用于检验混凝土强度的试件应在混凝土浇筑地点随机抽取。对同一配合比混凝土，取样与试件留置应符合下列规定：

（1）每拌制 100 盘且不超过 100m³ 时，取样不得少于一次。

（2）每工作班拌制不足 100 盘时，取样不得少于一次。

（3）连续浇筑超过 1000m³ 时，每 200m³ 取样不得少于一次。

（4）每一楼层取样不得少于一次。

（5）每次取样应至少留置一组标准养护试件。

同条件养护试件的留置方式和取样数量，应符合下列要求：

（1）同条件养护试件所对应的结构构件或结构部位，应由施工、监理等各方共同选定，且同条件养护试件的取样宜均匀分布于工程施工周期内。

（2）同条件养护试件应在混凝土浇筑入模处见证取样。

（3）同条件养护试件应放置在靠近相应结构构件的适当位置，并应采取相同的养护方法。

（4）同一强度等级的同条件养护试件不宜少于 10 组，且不应少于 3 组。每连续两层楼取样不应少于 1 组；每 2000m³ 取样不得少于一组。

试件试样均匀分布于工程施工周期内，此均匀分布包括时间、空间、构件类型等多方面。同一强度等级的混凝土包括多个构件类型，同条件养护试件取样应包括所有构件类型。如遇冬期施工应多留置不少于 2 组同条件养护试件。

《混凝土强度检验评定标准》（GB/T 50107—2010）中关于混凝土取样的规定如下：

混凝土强度试样应在混凝土的浇筑地点随机抽取。

试件的取样频率和数量应符合下列规定：

（1）每 100 盘，但不超过 100m³ 的配合比混凝土，取样次数不应少于一次。

（2）每一工作班拌制的同配合比混凝土，不足 100 盘和 100m³ 时其取样次数不应少于一次。

（3）当一次连续浇筑的同配合比混凝土超过 1000m³ 时，每 200m³ 取样不得少于一次。

（4）对房屋建筑，每一楼层、同一配合比的混凝土，取样不应少于一次。

每批混凝土试样应制作的试件总组数，除满足混凝土强度评定所需的组数外，还应留置为检验结构或构件施工阶段混凝土强度所必需的试件。

注：一盘指搅拌混凝土的搅拌机一次搅拌的混凝土。一个工作班指 8h。

《预拌混凝土》（GB/T 14902—2012）中关于预拌混凝土质量检验要求如下：

预拌混凝土质量检验分为出厂检验和交货检验。出厂检验的取样和试验工作应由供方承担；交货检验的取样和试验工作应由需方承担，当需方不具备试验和人员的技术资质时，供需双方可协商确定并委托有检验资质的单位承担，并应在合同中予以明确。

交货检验的试验结果应在试验结束后 10d 内通知供方。

预拌混凝土质量验收应以交货检验结果作为依据。

（1）检验项目

常规品应检验混凝土强度、拌合物坍落度和设计要求的耐久性能；掺有引气型外加剂的混凝土还应检验拌合物的含气量。

（2）取样与检验频率

混凝土出厂检验应在搅拌地点取样；混凝土交货检验应在交货地点取样，交货检验试样应随机从同一运输车卸料量的 1/4～3/4 之间抽取。

混凝土交货检验取样及坍落度试验应在混凝土运到交货地点时开始算起 20min 内完成，试件制作应在混凝土运到交货地点时开始算起 40min 内完成。

混凝土强度检验的取样频率应符合下列规定：

1）出厂检验时，每 100 盘相同配合比混凝土取样不应少于 1 次，每一个工作班相同配合比混凝土达不到 100 盘时应按 100 盘计，每次取样应至少进行一组试验。

2）交货检验的取样频率应符合《混凝土强度检验评定标准》（GB/T 50107—2010）的规定。

混凝土坍落度检验的取样频率应与强度检验相同。

同一配合比混凝土拌合物中的水溶性氯离子含量检验应至少取样检验 1 次。海砂混凝土拌合物中的水溶性氯离子含量检验的取样频率应符合《海砂混凝土应用技术规范》（JGJ 206—2010）的规定。

《地下防水工程质量验收规范》（GB 50208—2011）中关于混凝土抗渗试块的取样规定如下：

混凝土抗渗试块应在浇筑地点制作，取样及试块留置按下列规定：连续浇筑混凝土每 500m³ 应留置一组抗渗试件（一组为 6 个抗渗试件），且每项工程不得少于两组。采用预拌混凝土的抗渗试件，留置组数应视结构的规模和要求而定。

防水混凝土的抗渗性能，应采用标准条件下养护的混凝土抗渗试件的试验结果评定。

《混凝土耐久性检验评定标准》（JGJ/T 193—2009）中关于混凝土的耐久性检验要求如下：

同一检验批混凝土的强度等级、龄期、生产工艺和配合比应相同。

对于同一工程、同一配合比的混凝土，检验批不应少于一个。

对于同一检验批，设计要求的各个检验项目应至少完成一组试验。

《建筑地基基础工程施工质量验收规范》（GB 50202—2002）、《建筑地基基础工程施工规范》（GB 51004—2015）中关于混凝土试块取样的规定如下：

（1）水泥粉煤灰碎石桩

水泥粉煤灰碎石桩（CFG 桩）复合地基，桩身强度为主控项目，检查 28d 试块。

成桩过程应抽样做混合料试块，每台机械一天应做一组（3 块）试块（边长为 150mm

的立方体），标准养护，测定其立方体抗压强度。

（2）混凝土灌注桩

混凝土强度为主控项目，检查试件报告或钻芯取样送检。

每浇筑 50m³ 应有 1 组试件，小于 50m³ 的桩，每个台班应有 1 组试件。对单柱单桩的桩应有 1 组试件，每组试件应有 3 个试块，同组试件应取自同车混凝土。

（3）地下连续墙

墙体强度为主控项目，查试件记录。

每 50m³ 地下墙应做 1 组试件，每幅槽段不得少于 1 组，在强度满足设计要求后方可开挖土方。

《建筑地面工程施工质量验收规范》（GB 50209—2010）中关于水泥混凝土试块强度验收规定如下：

检验同一施工批次、同一配合比水泥混凝土强度的试块，应按每一层（或检验批）建筑地面工程不少于 1 组。当每一层（或检验批）建筑地面工程面积大于 1000m² 时，每增加 1000m² 应增做 1 组试块；小于 1000m² 按 1000m² 计算，取样 1 组；检验同一施工批次、同一配合比的散水、明沟、踏步、台阶、坡道的水泥混凝土强度的试块，应按每 150延长米不少于 1 组。

《砌体结构工程施工质量验收规范》（GB 50203—2011）中关于混凝土试块取样的规定如下：

构造柱、芯柱、组合砌体构件、配筋砌体剪力墙构件的混凝土及砂浆的强度等级应符合设计要求。

抽检数量：每检验批砌体，试块不应小于 1 组，验收批砌体试块不得少于 3 组。

检验方法：检查混凝土和砂浆试块试验报告。

2. 试件制作

（1）取样

1）同一组混凝土拌合物的取样，应在同一盘混凝土或同一车混凝土中取样。取样量应多于试验所需量的 1.5 倍，且不宜小于 20L。

2）混凝土拌合物的取样应具有代表性，宜采用多次采样的方法。宜在同一盘混凝土或同一车混凝土中的 1/4 处、1/2 处和 3/4 处分别取样，并搅拌均匀；第一次取样和最后一次取样的时间间隔不宜超过 15min。

3）宜在取样后 5min 内开始各项性能试验。

（2）试件的制作

1）成型前，应检查试模尺寸并符合有关规定，试模内表面应涂一薄层矿物油或其他不与混凝土发生反应的隔离剂。在制作混凝土长期性能和耐久性能试验用试件时，不宜采用憎水性隔离剂。

2）取样时应至少用铁锹再来回拌合三次，在尽可能短的时间内成型，一般不宜超过 15min。

3）根据混凝土拌合物的稠度确定混凝土成型方法，坍落度不大于 70mm 的混凝土宜用振动台振实；大于 70mm 的宜用振动棒人工捣实；检验现浇混凝土或预制构件的混凝土，试件成型方法宜与实际使用的方法相同。

① 用振动台振实制作试件应按下述方法进行：

A. 将混凝土拌合物一次装入试模，装料时应用抹刀沿各试模壁插捣，并使混凝土拌合物高出试模口。

B. 试模应附着或固定在符合要求的振动台（振动频率应为 50±3Hz，空载时振幅约为 0.5mm）上，振动时试模不得有任何跳动，振动应持续到表面出浆为止，不得过振。

② 用人工插捣制作试件应按下述方法进行：

A. 混凝土拌合物应分两层装入模内，每层的装料厚度大致相等。

B. 插捣应按螺旋方向从边缘向中心均匀进行。在插捣底层混凝土时，振动棒应达到试模底部。

捣上层时，振动棒应贯穿上层后插入下层 20～30mm；插捣时振动棒应保持垂直，不得倾斜，然后应用抹刀沿试模内壁插拔数次。

C. 每层插捣次数按在 10000mm² 截面积内不得少于 12 次。

D. 插捣后应用橡皮锤轻轻敲击试模四周，直至振动棒留下的空洞消失为止。

③ 用插入式振动棒振实制作试件应按下述方法进行：

A. 将混凝土拌合物一次装入试模，装料时应用抹刀沿各试模壁插捣，并使混凝土拌合物高出试模口。

B. 宜用直径为 $\phi25$ 的插入式振动棒，插入试模振捣时，振动棒距试模底板 10～20mm 且不得触及试模底板，振动应持续到表面出浆为止且避免过振，以防止混凝土离析；一般振捣时间为 20s。振动棒拔出时要缓慢，拔出后不得留有孔洞。

4）刮除试模上口多余的混凝土，待混凝土临近初凝时，用抹刀抹平。

（3）圆柱体试件的制作

1）圆柱体试件的直径为 100mm、150mm 和 200mm 三种，其高度是直径的 2 倍。粗骨料的最大粒径应小于试件直径的 1/4 倍。

2）试验采用的试验设备应符合下列规定：

① 试模：试模应由刚性、金属制成的圆筒形和底板构成，用适当的方法组装而成。试模组装后不能有变形和漏水现象。试模的尺寸误差，直径误差应小于 $1/200d$，高度误差应小于 $1/100h$。试模底板的平面度公差应不超过 0.02mm。组装试模时，圆筒形模纵轴与底板应成直角，其允许差为 0.5°。

② 试验用振动台的振动频率应为 50±3Hz，空载时振幅约为 0.5mm。

振动棒直径为 16mm，长 600mm，端部呈半球形。

③ 压板：用于端面平整处理的压板，应采用厚度为 6mm 及其以上的平板玻璃，压板直径应比试模的直径大 25mm 以上。

3）圆柱体试件的制作方法

① 制作试件时，应根据混凝土拌合物的稠度确定混凝土成型的方法，坍落度不大于 70mm 的混凝土宜用振动台振实；大于 70mm 的宜用振动棒人工捣实。

A. 采用插捣成型时，分层浇筑混凝土，当试件的直径为 200mm 时，分 3 层装料；当试件直径为 150mm 或 100mm 时，分 2 层装料，各层厚度大致相等；浇筑时以试模的纵轴为对称轴，呈对称式装入混凝土拌合物，浇筑完一层后用振动棒摊平上表面；试件的直径为 200mm 时，每层用振动棒插捣 25 次；试件的直径为 150mm 时，每层插捣 15 次；试件的直径为 100mm 时，每层插捣 8 次；插捣应按螺旋方向从边缘向中心均匀进行；在插捣底层混凝土时，振动棒应达到试模底部；插捣上层时，振动棒应贯穿该层后插入下一层 20～30mm；插捣时振动棒应保持垂直，不得倾斜。当所确定的插捣次数有可能使混凝土拌合物产生离析现象时，可灼情减少插捣次数至拌合物不产生离析的程度。插捣结束后，用橡皮锤轻轻敲打试模侧面，直到振动棒插捣后留下的孔消失为止。

B. 采用插入式振动棒振实时，直径为 100～200mm 的试件应分 2 层浇筑混凝土。每层厚度大致相等，以试模的纵轴为对称轴，呈对称方式装入混凝土拌合物；振动棒的插入密度按浇筑层上表面每 6000mm² 插入一次确定，振捣下层时振动棒不得触及试模的底板，振捣上层时，振动棒插入下层大约 15mm 深，不得超过 20mm；振捣时间根据混凝土的质量及振动棒的性能确定，以使混凝土充分密实为原则。振动棒要缓慢拔出，拔出后用橡皮锤轻轻敲打试模侧面，直到振动棒插捣后留下的孔消失为止。

C. 采用振动台振实时，应将试模牢固地安装在振动台上，以试模的纵轴为对称轴，呈对称方式一次装入混凝土，然后进行振动密实。装料量以振动时砂浆不外溢为宜。振动时间根据混凝土的质量和振动台的性能确定，以使混凝土充分密实为原则。

② 振实后，混凝土的上表面稍低于试模顶面 1～2mm。

③ 试件的端面找平层处理按下述方法进行：

A. 拆模前当混凝土具有一定强度后，清除上表面的浮浆，并用干布吸去表面水，抹上同配合比的水泥净浆，用压板均匀地盖在试模顶部。找平层水泥净浆的厚度要尽量薄并与试件的纵轴相垂直；为了防止压板与水泥浆之间粘固，在压板的下面垫上结实的薄纸。

B. 找平处理后的端面应与试件的纵轴相垂直，端面的平面度公差应不大于 0.1mm。

C. 不进行试件端部找平层处理时，应将试件上端面研磨整平。

（4）试件的养护

1）试件成型后应立即用不透水的薄膜覆盖表面。

2）采用标准养护的试件，应在温度为 20±5℃ 的环境中静置 1～2d，然后编号、拆模。拆模后应立即放入温度为 20±2℃、相对湿度为 95％ 以上的标准养护室中养护，或在温度为 20±2℃ 的不流动的 $Ca(OH)_2$ 饱和溶液中养护，标准养护室中的试件应放在支架上，彼此间隔 10～20mm。试件表面应保持潮湿，并不得被水直接冲淋。

3）同条件养护试件的拆模时间可与实际构件的拆模时间相同，拆模后，试件仍需保持同条件养护。

4）标准养护龄期为 28d（从搅拌加水开始计时）。

五、混凝土强度的检测评定

评定方法有三种：统计方法一（即标准差已知的统计方法）、统计方法二（标准差未知的统计方法）及非统计方法。

1. 用统计方法一评定

当连续生产的混凝土，生产条件在较长时间内能保持一致，且同一品种、同一强度等级混凝土的强度变异性保持稳定时，应按统计方法一评定混凝土强度。

用此方法评定混凝土强度时，应由连续的 3 组试件组成一个检验批的样本容量，其强度应同时满足下列要求：

$$m_{f_{cu}} \geqslant f_{cu,k} + 0.7\sigma_0$$
$$f_{cu,min} \geqslant f_{cu,k} - 0.7\sigma_0$$

检验批混凝土立方体抗压强度的标准差应按下式计算：

$$\sigma_0 = \sqrt{\frac{\sum_{i=1}^{n} f_{cu,i}^2 - nm_{f_{cu}}^2}{n-1}};$$

当混凝土强度等级不高于 C20 时，强度的最小值尚应满足下列要求：

$$f_{cu,min} \geqslant 0.85 f_{cu,k}$$

当混凝土强度等级高于 C20 时，强度的最小值尚应满足下式要求：

$$f_{cu,min} \geqslant 0.90 f_{cu,k}$$

式中　　$m_{f_{cu}}$——同一验收批混凝土立方体抗压强度的平均值（N/mm²）；

$\quad\quad f_{cu,k}$——混凝土立方体抗压强度标准值（N/mm²）；

$\quad\quad \sigma_0$——验收批混凝土立方体抗压强度的标准差（N/mm²）；当检验批混凝土强度标准差 σ_0 计算值小于 2.5N/mm² 时，应取 2.5N/mm²；

$\quad\quad f_{cu,i}$——前一个检验期内同一品种、同一强度等级的第 i 组混凝土试件的立方体抗压强度代表值（N/mm²），精确到 0.1（N/mm²）；该检验期不应少于 60d，也不得大于 90d；

$\quad\quad n$——前一检验期内的样本容量，在该期间内样本容量不应小于 45；

$\quad\quad f_{cu,min}$——同一验收批混凝土立方体抗压强度的最小值（N/mm²）。

2. 用统计方法二评定

当混凝土的生产条件在较长时间内不能保持一致，且混凝土强度变异性不能保持稳定性时，或在前一个检验期内的同一品种混凝土没有足够的数据用以确定验收批混凝土立方体抗压强度的标准差时，应由不少于 10 组的试件组成一个检验批，其强度应同时满足下列要求：

$$m_{f_{cu}} \geqslant f_{cu,k} + \lambda_1 \cdot f_{cu,k}$$
$$f_{cu,min} \geqslant \lambda_2 \cdot f_{cu,k}$$

同一验收批混凝土立方体抗压强度标准差应按下式计算：

$$S_{f_{cu}} = \sqrt{\frac{\sum_{i=1}^{n} f_{cu,i}^2 - nm_{f_{cu}}^2}{n-1}}$$

式中　　$S_{f_{cu}}$——同一检验批混凝土立方体抗压强度的标准差（N/mm²），精确到 0.01（N/mm²）；当检验批混凝土强度标准差 $S_{f_{cu}}$ 计算值小于 2.5N/mm² 时，应取 2.5N/mm²；

$\quad\quad \lambda_1$、λ_2——合格判定系数，按表 6-3 取用；

$\quad\quad n$——本检验期内的样本容量。

混凝土强度的合格判定系数　　　　　　　　　　　　　　　　　　　　　表 6-3

试件组数	10～14	15～19	≥20
λ_1	1.15	1.05	0.95
λ_2	0.90	0.85	

3. 用非统计方法评定

当用于评定的样本容量小于 10 组时，应采用非统计方法评定混凝土强度。按非统计方法评定混凝土强度时，其强度应同时满足下列要求：

$$m_{f_{cu}} \geq \lambda_3 \cdot f_{cu,k}$$

$$f_{cu,min} \geq \lambda_4 \cdot f_{cu,k}$$

λ_3、λ_4 为合格评定系数，按表 6-4 采用。

混凝土强度的非统计法合格评定系数 表 6-4

混凝土强度等级	<C60	≥C60
λ_3	1.15	1.10
λ_4	0.95	

六、混凝土强度的合格性判断

当混凝土强度检验结果能满足上述规定时，则该批混凝土强度判为合格；当不能满足上述规定时，该批混凝土强度判为不合格。

第三节 结果判定及处理

根据《混凝土强度检验评定标准》（GB/T 50107—2010）规定：

（1）对不合格批混凝土制成的结构或构件，应进行鉴定，并及时处理。

（2）对混凝土试件强度的代表性有怀疑时，可采用从结构或构件中钻取试件的方法或采用非破损检验方法，按有关标准的规定对结构或构件中混凝土的强度进行推定。

（3）结构或构件拆模、出池、出厂、吊装，预应力筋张拉或放张，以及施工期间需短暂负荷时的混凝土强度，应满足设计要求，或符合现行国家标准的有关规定。

第七章 砂　　浆

第一节 概　　述

建筑砂浆：由水泥基胶凝材料、细骨料、水以及根据性能确定的其他组分按适当比例配合、拌制并经硬化而成的工程材料，可分为施工现场拌制的砂浆和由专业生产厂生产的预拌砂浆。

现场配制砂浆：由水泥、细骨料和水，以及根据需要加入的石灰、活性掺合料或外加剂在现场配制成的砂浆，分为水泥砂浆和水泥混合砂浆。水泥砂浆强度等级分为 M5、M7.5、M10、M15、M20、M25、M30；水泥混合砂浆的强度等级可分为 M5、M7.5、M10、M15。

预拌砂浆：专业生产厂生产的湿拌砂浆或干混砂浆。

湿拌砂浆：水泥、细骨料、矿物掺合料、外加剂、添加剂和水，按一定比例，在搅拌站经计量、拌制后，运至使用地点，并在规定时间内使用的拌合物。湿拌砂浆按用途分为湿拌砌筑砂浆、湿拌抹灰砂浆、湿拌地面砂浆和湿拌防水砂浆。湿拌砌筑砂浆强度等级分为 M5、M7.5、M10、M15、M20、M25、M30；湿拌抹灰砂浆强度等级分为 M5、M10、M15、M20。

干混砂浆：水泥、干燥骨料或粉料、添加剂以及根据性能确定的其他组分，按一定比例，在专业生产厂经计量、混合而成的混合物，在使用地点按规定比例加水或配套组分拌合使用。按用途分为干混砌筑砂浆、干混抹灰砂浆、干混地面砂浆、干混普通防水砂浆、干混陶瓷砖粘结砂浆、干混界面砂浆、干混保温板粘结砂浆、干混保温板抹面砂浆、干混聚合物水泥防水砂浆、干混自流平砂浆、干混耐磨地坪砂浆和干混饰面砂浆。

砌筑砂浆：将砖、石、砌块等块材经砌筑成为砌体，起粘结、衬垫和传力作用的砂浆。

干混普通砌筑砂浆：灰缝厚度大于 5mm 的砌筑砂浆。强度等级分为 M5、M7.5、M10、M15、M20、M25、M30。

干混薄层砌筑砂浆：灰缝厚度不大于 5mm 的砌筑砂浆。砂浆强度等级分为 M5、M10。

抹灰砂浆：涂抹于建筑物墙、顶棚、柱等表面的砂浆。

干混普通抹灰砂浆：砂浆层厚度大于 5mm 的抹灰砂浆。砂浆强度等级分为 M5、M10、M15、M20。

干混薄层抹灰砂浆：砂浆层厚度不大于 5mm 的抹灰砂浆。砂浆强度等级分为 M5、M10。

地面砂浆：用于建筑地面及屋面找平层的预拌砂浆。其强度等级分为 M15、M20、M25。

第二节　取样要求与方法

一、取样要求

《砌体结构工程施工质量验收规范》（GB 50203—2011）中关于砌筑砂浆试块强度验收规定如下：

抽检数量：每一检验批且不超过 250m³ 砌体的各类、各强度等级的普通砌筑砂浆，每台搅拌机应至少抽检一次。验收批的预拌砂浆、蒸压加气混凝土砌块专用砂浆，抽检可为 3 组。

检验方法：在砂浆搅拌机出料口或在湿拌砂浆的储存容器出料口随机取样制作砂浆试块（现场拌制的砂浆，同盘砂浆只应做 1 组试块），试块标养 28d 后做强度试验。预拌砂浆中湿拌砂浆稠度应在进场时取样检验。

砌体结构工程检验批的划分应同时符合下列规定：

（1）所用材料类型及同类型材料的强度等级相同。

（2）不超过 250m³ 砌体。

（3）主体结构砌体一个楼层（基础砌体可按一个楼层计）；填充墙砌体量少时可多个楼层合并。

《建筑地面工程施工质量验收规范》（GB 50209—2010）中关于砂浆试块强度验收规定如下：

检验同一施工批次、同一配合比水泥砂浆强度的试块，应按每一层（或检验批）建筑地面工程不少于 1 组。当每一层（或检验批）建筑地面工程面积大于 1000m² 时，每增加 1000m² 应增做 1 组试块；小于 1000m² 按 1000m² 计算，取样 1 组；检验同一施工批次、同一配合比的散水、明沟、踏步、台阶、坡道的水泥砂浆强度的试块，应按每 150 延长米不少于 1 组。

《预拌砂浆应用技术规程》（JGJ/T 223—2010）中关于预拌砂浆进场检验规定如下：

预拌砂浆进场时，应按表 7-1 的规定进行进场检验。

预拌砂浆进场检验项目和检验批量　　　　　表 7-1

砂 浆 品 种	检 验 项 目	检 验 批 量
湿拌砌筑砂浆	保水率、抗压强度	同一生产厂家、同一品种、同一等级、同一批号且连续进场的湿拌砂浆，每 250m³ 为一个检验批，不足 250m³ 时，应按一个检验批计
湿拌抹灰砂浆	保水率、抗压强度、拉伸粘结强度	
湿拌地面砂浆	保水率、抗压强度	
湿拌防水砂浆	保水率、抗压强度、抗渗压力、拉伸粘结强度	

砂浆品种		检验项目	检验批量
干混砌筑砂浆	普通砌筑砂浆	保水率、抗压强度	同一生产厂家、同一品种、同一等级、同一批号且连续进场的干混砂浆，每500t为一个检验批，不足500t时，应按一个检验批计
	薄层砌筑砂浆	保水率、抗压强度	
干混抹灰砂浆	普通砌筑砂浆	保水率、抗压强度、拉伸粘结强度	
	薄层砌筑砂浆	保水率、抗压强度、拉伸粘结强度	
干混地面砂浆		保水率、抗压强度	
干混普通防水砂浆		保水率、抗压强度、抗渗压力、拉伸粘结强度	
聚合物水泥防水砂浆		凝结时间、耐碱性、耐热性	同一生产厂家、同一品种、同一批号且连续进场的砂浆，每50t为一个检验批，不足50t时，应按一个检验批计
界面砂浆		14d常温常态拉伸粘结强度	同一生产厂家、同一品种、同一批号且连续进场的砂浆，每30t为一个检验批，不足30t时，应按一个检验批计
陶瓷砖粘结砂浆		常温常态拉伸粘结强度、晾置时间	同一生产厂家、同一品种、同一批号且连续进场的砂浆，每50t为一个检验批，不足50t时，应按一个检验批计

《预拌砂浆应用技术规程》（JGJ/T 223—2010）中关于砂浆强度验收规定如下：

（1）砌筑砂浆

对同品种、同强度等级的砌筑砂浆，湿拌砌筑砂浆应以 50m³ 为一个检验批，干混砌筑砂浆应以 100t 为一个检验批；不足一个检验批的数量时，应按一个检验批计。

每检验批应至少留置1组抗压强度试块。

砌筑砂浆取样时，干混砌筑砂浆宜从搅拌机出料口、湿拌砌筑砂浆宜从运输车出料口或储存容器随机取样。砌筑砂浆抗压强度试块的制作、养护、试压等应符合现行行业标准《建筑砂浆基本性能试验方法标准》（JGJ/T 70—2009）的规定，龄期为28d。

（2）抹灰砂浆

室外抹灰砂浆层应在 28d 龄期时，按现行行业标准《抹灰砂浆技术规程》（JGJ/T 220—2010）的规定进行实体拉伸粘结强度检验，并应符合下列规定：

相同材料、工艺和施工条件的室外抹灰工程，每 5000m² 应至少取一组试件；不足 5000m² 时，也应取一组。

检验方法：检查实体拉伸粘结强度检验报告单。

当抹灰砂浆外表面粘贴饰面砖时，应按现行行业标准《外墙饰面砖工程施工及验收规程》（JGJ 126—2015）、《建筑工程饰面砖粘结强度检验标准》（JGJ/T 110—2017）的规定进行验收。

（3）地面砂浆

地面砂浆检验批的划分应符合下列规定：

1）每一层次或每层施工段（或变形缝）应作为一个检验批。

2）高层及多层建筑的标准层可按每 3 层作为一个检验批，不足 3 层时，应按一个检验批计。

对同一品种、同一强度等级的地面砂浆，每检验批且不超过 1000m² 应至少留置一组抗压强度试块。抗压强度试块的制作、养护、试压等应符合现行行业标准《建筑砂浆基本性能试验方法标准》（JGJ/T 70—2009）的规定，龄期应为 28d。

检验方法：检查砂浆试块抗压强度检验报告单。

（4）界面砂浆

除模塑聚苯板和挤塑聚苯板表面涂抹界面砂浆外，涂抹界面砂浆的工程应在 28d 龄期进行实体拉伸粘结强度检验，检验方法可按现行行业标准《抹灰砂浆技术规程》（JGJ/T 220—2010）的规定进行，也可根据对涂抹在界面砂浆外表面的抹灰砂浆层实体拉伸粘结强度的检验结果进行评定，并应符合下列规定：

相同材料、相同施工工艺的涂抹界面砂浆的工程，每 5000m² 应至少取一组试件；不足 5000m² 时，也应取一组。

检验方法：检查实体拉伸粘结强度检验报告单。

（5）陶瓷砖粘结砂浆

饰面砖工程检验批的划分应符合下列规定：

同类墙体、相同材料和施工工艺的外墙饰面砖工程，每 1000m² 应划分为一个检验批；不足 1000m² 时，应按一个检验批计。

对外墙饰面砖工程，每检验批应至少检验一组实体拉伸粘结强度。试样应随机抽取，一组试样应由 3 个试样组成，取样间距不得小于 500mm，每相邻的三个楼层应至少取一组试样。

《抹灰砂浆技术规程》（JGJ/T 220—2010）中关于砂浆强度验收规定如下：

抹灰工程验收前，各检验批应按下列规定划分：

相同砂浆品种、强度等级、施工工艺的室外抹灰工程，每 1000m² 应划分一个检验批，不足 1000m² 的，也应划分为一个检验批。

相同砂浆品种、强度等级、施工工艺的室内抹灰工程，每 50 个自然间（大面积房间和走廊按抹灰面积 30m² 为一间）应划分为一个检验批，不足 50 间的也应划分为一个检验批。

抹灰层拉伸粘结强度检测时，相同砂浆品种、强度等级、施工工艺的外墙、顶棚抹灰工程每 5000m² 应为一个检验批，每个检验批应取一组试件进行检测，不足 5000m² 的也应取一组。

砂浆抗压强度试块应符合下列规定：

砂浆抗压强度验收时，同一验收批砂浆试块不应少于 3 组。

砂浆试块应在使用地点或出料口随机抽样，砂浆稠度应与试验室的稠度一致。

砂浆试块的养护条件应与试验室的养护条件相同。

二、取样方法

（1）建筑砂浆试验用料应从同一盘砂浆或同一车砂浆中取样。取样量不应少于试验所需量的 4 倍。

（2）当施工过程中进行砂浆试验时，砂浆取样方法应按相应的施工验收规范执行，并宜在现场搅拌点或预拌砂浆卸料点的至少 3 个不同部位及时取样。对于现场取得的试样，试验前应人工搅拌均匀。

（3）从取样完毕到开始进行各项性能试验，不宜超过 15min。

三、试件制作及养护

（1）应采用立方体试件，每组试件应为 3 个。

（2）应采用黄油等密封材料涂抹试模的外接缝，试模内应涂刷薄层机油或隔离剂。应将拌制好的砂浆一次性装满砂浆试模，成型方法应根据稠度而确定。当稠度大于 50mm 时，宜采用人工插捣成型，当稠度不大于 50mm 时，宜采用振动台振实成型。

1）人工插捣：应采用振动棒均匀地由边缘向中心按螺旋方式插捣 25 次，插捣过程中当砂浆沉落低于试模口时，应随时添加砂浆，可用油灰刀插捣数次，并用手将试模一边抬高 5～10mm 各振动 5 次，砂浆应高出试模顶面 6～8mm。

2）机械振动：将砂浆一次装满试模，放置到振动台上，振动时试模不得跳动，振动 5～10s 或持续到表面泛浆为止，不得过振。

（3）应待表面水分稍干后，再将高出试模部分的砂浆沿试模顶面刮去并抹平。

（4）试件制作后应在温度为 20±5℃ 的环境下静置 24±2h，对试件进行编号、拆模。当气温较低时，或者凝结时间大于 24h 的砂浆，可适当延长时间，但不应超过 2d。试件拆模后应立即放入温度为 20±2℃、相对湿度为 90% 以上的标准养护室中养护。养护期间，试件彼此间隔不得小于 10mm，混合砂浆、湿拌砂浆试件上面应覆盖遮布，防止有水滴落在试件上。

（5）从搅拌加水开始计时，标准养护龄期应为 28d，也可根据相关标准要求增加 7d 或 14d。

第三节　技术要求

《砌体结构工程施工质量验收规范》（GB 50203—2011）中关于砌筑砂浆试块强度验收时其强度合格标准应符合下列规定：

（1）同一验收批砂浆试块强度平均值应大于或等于设计强度等级值的 1.10 倍。

（2）同一验收批砂浆试块抗压强度的最小一组平均值应大于或等于设计强度等级值的 85%。

注：1）砌筑砂浆的验收批，同一类型、强度等级的砂浆试块不应少于 3 组；同一验收批砂浆只有 1

组或 2 组试块时，每组试块抗压强度平均值应大于或等于设计强度等级值的 1.10 倍；对于建筑结构的安全等级为一级或设计使用年限为 50 年及以上的房屋，同一验收批砂浆试块的数量不得少于 3 组。

2）砂浆强度应以标准养护 28d 龄期的试块抗压强度为准。

3）制作砂浆试块的砂浆稠度应与配合比设计一致。

当施工中或验收时出现下列情况，可采用现场检验方法对砂浆或砌体强度进行实体检测，并判定其强度：

（1）砂浆试块缺乏代表性或试块数量不足。

（2）对砂浆试块的试验结果有怀疑或有争议。

（3）砂浆试块的试验结果，不能满足设计要求。

（4）发生工程事故，需要进一步分析事故原因。

《预拌砂浆应用技术规程》（JGJ/T 223—2010）中关于砂浆强度验收批合格条件评定要求如下：

（1）砌筑砂浆

砌筑砂浆抗压强度应按验收批进行评定，其合格条件应符合下列规定：

同一验收批砌筑砂浆试块抗压强度平均值应大于或等于设计强度等级所对应的立方体抗压强度的 1.10 倍，且最小值应大于或等于设计强度等级所对应的立方体抗压强度的 0.85 倍。

当同一验收批砌筑砂浆抗压强度试块少于 3 组时，每组试块抗压强度值应大于或等于设计强度等级所对应的立方体抗压强度的 1.10 倍。

（2）抹灰砂浆

实体拉伸粘结强度应按验收批进行评定。当同一验收批实体拉伸粘结强度的平均值不小于 0.25MPa 时，可判定为合格；否则，应判定为不合格。

（3）地面砂浆

地面砂浆抗压强度应按验收批进行评定。当同一验收批地面砂浆试块抗压强度平均值大于或等于设计强度等级所对应的立方体抗压强度值时，可判定该批地面砂浆的抗压强度为合格；否则，应判定为不合格。

（4）界面砂浆

当实体拉伸粘结强度检验时的破坏面发生在非界面砂浆层时，可判定为合格；否则，应判定为不合格。

（5）陶瓷瓷砖粘结砂浆

拉伸粘结强度的检验评定应符合现行行业标准《建筑工程饰面砖粘结强度检验标准》（JGJ/T 110—2017）的规定。

《抹灰砂浆技术规程》（JGJ/T 220—2010）中关于砂浆强度验收批合格条件评定要求如下：

同一验收批的抹灰层拉伸粘结强度平均值应大于或等于表 7-2 中的规定值，且最小值应大于或等于表 7-2 中的规定值的 75%。当同一验收批抹灰层拉伸粘结强度试验少于 3 组时，每组试件拉伸粘结强度均应大于或等于表 7-2 中的规定值。

检验方法：检查抹灰层拉伸粘结强度实体检测记录。

抹灰层拉伸粘结强度的规定值　　　　表 7-2

抹灰砂浆品种	拉伸粘结强度（MPa）
水泥抹灰砂浆	0.20
水泥粉煤灰抹灰砂浆、水泥石灰抹灰砂浆、掺塑化剂水泥抹灰砂浆	0.15
聚合物水泥抹灰砂浆	0.30
预拌抹灰砂浆	0.25

　　同一验收批的砂浆试块抗压强度平均值应大于或等于设计强度等级值，且抗压强度最小值应大于或等于设计强度等级值的 75%。当同一验收批试块少于 3 组时，每组试块抗压强度均应大于或等于设计强度等级值。

　　当内墙抹灰工程中抗压强度检验不合格时，应在现场对内墙抹灰层进行拉伸粘结强度检测，并应以其检测结果为准。当外墙或顶棚抹灰施工中抗压强度检验不合格时，应对外墙或顶棚抹灰砂浆加倍取样进行抹灰层拉伸粘结强度检测，并应以其检测结果为准。

第八章 钢 材

第一节 概 述

一、钢材的分类

建筑钢材主要包括混凝土中的各种钢筋和钢结构中的各种型钢。以下主要介绍常见钢筋和型钢的分类。

1. 按钢筋的外形分类

按钢材的外形可分为光圆钢筋、带肋钢筋、钢丝和钢绞线四类。

2. 按钢筋的机械性能分类

按钢筋的机械性能可分为如下几种牌号：

HPB300；

HRB400、HRB500、HRB600；

HRB400E、HRB500E；

HRBF400、HRBF500；

HRBF400E、HRBF500E。

热轧光圆钢筋的牌号由 HPB＋屈服强度特征值构成；普通热轧钢筋由 HRB＋屈服强度特征值构成；细晶粒热轧钢筋由 HRBF＋屈服强度特征值构成；牌号带 E 的为抗震钢筋。

3. 按钢筋的供应形式分类

按钢筋供应方式，可分为直条钢筋和盘条钢筋两类。

4. 型钢的分类

按钢材的化学成分，可以粗分为碳素钢和合金钢两类。

碳素钢中按其含碳量的多少，又分为低碳钢、中碳钢和高碳钢。建筑用钢中使用量最多的是低碳钢，按牌号分为 Q195、Q215、Q235、Q275；合金钢按其合金元素总量的多少，分为低合金钢、中合金钢和高合金钢。建筑用钢中使用量最多的是低合金钢，常用牌号为 Q345。

二、钢材的性能

常规的钢筋（包括型钢）检验中，一般都要做它的机械性能（力学和工艺性能）检验。而钢筋（型钢）的机械性能检验中，一般要做两个项目的检验，即钢筋（型钢）的拉伸性能和钢筋（型钢）的弯曲性能检验两项。对于钢丝来说，做弯曲检验是无济于事的，所以钢丝一般是做反复弯曲检验来检验其塑性指标。拉伸检验中要测定钢筋（型钢）的屈服强度（σ_s）、抗拉强度（σ_b）、延伸率（δ）三个指标。而弯曲检验是用弯心直径与弯曲角度来表示的，钢丝是用反复弯曲的次数来表示的。这些指标国家都在相应的标准中作了明确的规定。

为了避免钢筋的实际重量与理论重量的偏差超过标准的规定，必须对其重量偏差进行检验。

当钢筋在加工过程中，如发现脆断、焊接性能不良或力学性能显著不正常等现象，应根据现行国家标准对该批钢筋进行化学成分检验或其他专项检验。

预应力筋用锚具、夹具，一般检验其外观和硬度，预应力混凝土用钢绞线，一般检验其拉伸性能。

三、相关标准及术语

我国现行的钢筋标准有多种，主要是以下几个：

《钢筋混凝土用钢　第1部分：热轧光圆钢筋》（GB/T 1499.1—2017），该标准适用于钢筋混凝土用热轧直条、盘卷光圆钢筋。

热轧光圆钢筋：经热轧成型，横截面通常为圆形，表面光滑的成品钢筋。钢筋牌号为 HPB300。

《钢筋混凝土用钢　第2部分：热轧带肋钢筋》（GB/T 1499.2—2018），该标准适用于钢筋混凝土用普通热轧带肋钢筋和细晶粒热轧带肋钢筋。

普通热轧钢筋：按热轧状态交货的钢筋，其金相组织主要是铁素体加珠光体，不得有影响使用性能的其他组织（如基圆上出现的回火马氏体组织）存在。钢筋牌号按屈服强度特征值分为400、500、600级。

细晶粒热轧钢筋：在热轧过程中，通过控轧和控冷工艺形成的细晶粒钢筋。其金相组织主要是铁素体加珠光体，不得有影响使用性能的其他组织（如基圆上出现的回火马氏体组织）存在，晶粒度不粗于9级。钢筋牌号分为 HRBF400、HRBF500。

《钢筋混凝土用钢　第3部分：钢筋焊接网》（GB/T 1499.3—2010），该标准适用于采用冷轧带肋钢筋或（和）热轧带肋钢筋以电阻焊接方式制造的钢筋焊接网，采用光面或其他类别钢筋焊接而成的钢筋焊接网可参考使用。

钢筋焊接网：纵向钢筋和横向钢筋分别以一定的间距排列且互成直角、全部交叉点均用电阻点焊方法焊接在一起的网片。按钢筋的牌号、直径、长度和间距分为定型钢筋焊接网和定制钢筋焊接网两种。

《低碳钢热轧圆盘条》（GB/T 701—2008），本标准适用于供拉丝等深加工及其他一般用途的低碳钢热轧圆盘条。钢的牌号分为 Q195、Q215、Q235、Q275。

《碳素结构钢》（GB/T 700—2006），该标准适用于一般以交货状态使用，通常用于焊接、铆接、栓接工程结构用热轧钢板、钢带、型钢和钢棒。钢的牌号及等级分为 Q195、Q215A、Q215B、Q235A、Q235B、Q235C、Q235D、Q275A、Q275B、Q275C、Q275D。

《混凝土制品用冷拔低碳钢丝》（JC/T 540—2006），该标准适用于混凝土制品用的以低碳钢热轧圆盘条为母材经一次或多次冷拔制成的光面钢丝。

冷拔低碳钢丝：低碳钢热轧圆盘条经一次或多次冷拔制成的以盘卷供货的钢丝。其分为甲、乙两级。甲级冷拔低碳钢丝适用于做预应力筋；乙级冷拔低碳钢丝适用于做焊接网、焊接骨架、箍筋和构造钢筋。

《冷轧带肋钢筋》（GB/T 13788—2017），该标准适用于预应力混凝土和普通钢筋混凝土用冷轧带肋钢筋，也适用于制造焊接网用冷轧带肋钢筋。

冷轧带肋钢筋：热轧圆盘条经冷轧后，在其表面带有沿长度方向均匀分布的横肋的钢筋。钢筋分为 CRB550、CRB650、CRB800、CRB600H、CRB680H、CRB800H 六个牌号。CRB550、CRB600H 为普通钢筋混凝土用钢筋，CRB650、CRB800、CRB800H 为预应力混凝土用钢筋，CRB680H 既可作为普通钢筋混凝土用钢筋，也可作为预应力混凝土用钢筋使用。

《预应力混凝土用钢绞线》（GB/T 5224—2014），该标准适用于由冷拉光圆钢丝及刻痕钢丝捻制的用于预应力混凝土结构的钢绞线。

标准型钢绞线：由冷拉光圆钢丝捻制成的钢绞线。

刻痕钢绞线：由刻痕钢丝捻制成的钢绞线。

模拔型钢绞线：捻制后再经冷拔成的钢绞线。

《预应力筋用锚具、夹具和连接器》（GB/T 14370—2015），该标准适用于体内或体外配筋的有粘结、无粘结、缓粘结的预应力结构中和特种施工过程中使用的锚具、夹具、连接器及拉索用的锚具和连接器。

锚具：用于保持预应力筋的拉力并将其传递到结构上所用的永久性锚固装置。

夹具：建立或保持预应力筋预应力的临时性锚固装置，也成为工具锚。

连接器：用于连接预应力筋的装置。

《预应力混凝土用螺纹钢筋》（GB/T 20065—2016），该标准适用于采用热轧、轧后余热处理或热处理等工艺生产的预应力混凝土用螺纹钢筋。

螺纹钢筋：螺纹钢筋是一种热轧成带有不连续的外螺纹的直条钢筋，该钢筋在任意截面处，均可用带有匹配形状的内螺纹的连接器或锚具进行连接或锚固。螺纹钢筋包括 PSB785、PSB830、PSB930、PSB1080 四个级别。

《高延性冷轧带肋钢筋》（YB/T 4260—2011），该标准适用于钢筋混凝土和预应力混凝土用较高延性冷轧带肋钢筋，也适用于制造焊接网用较高延性冷轧带肋钢筋。

高延性冷轧带肋钢筋：热轧圆盘条经过冷轧成型及回火热处理获得的具有较高延性的冷轧带肋钢筋。高延性冷轧带肋钢筋包括 CRB600H、CRB650H、CRB800H 三个牌号。

《钢筋焊接及验收规程》（JGJ 18—2012），该规程适用于一般工业与民用建筑工程混凝土结构中的钢筋焊接施工及质量检验与验收。

钢筋电阻点焊：将两钢筋（丝）安放成交叉叠接形式，压紧于两电极之间，利用电阻热熔化母材金属，加压形成焊点的一种压焊方法。

钢筋闪光对焊：将两钢筋以对接形式水平安放在对焊机上，利用电阻热使接触点金属熔化，产生强烈闪光和飞溅，迅速施加顶锻力完成的一种压焊方法。

箍筋闪光对焊：将两钢筋以对接形式水平安放在对焊机上，利用电阻热使接触点金属熔化，产生强烈闪光和飞溅，迅速施加顶锻力完成的一种压焊方法。

钢筋焊条电弧焊：钢筋焊条电弧焊是以焊条作为一极，钢筋为另一极，利用焊接电流通过产生的电弧热进行焊接的一种熔焊方法。

钢筋二氧化碳气体保护电弧焊：以焊丝作为一极，钢筋为另一极，并以二氧化碳气体作为电弧介质，保护金属熔滴、焊接熔池和焊接区高温金属的一种熔焊方法。二氧化碳气体保护电弧焊简称二氧化碳焊。

钢筋电渣压力焊：将两钢筋安放成竖向对接形式，通过直接引弧法或间接引弧法，利用焊接电流通过两钢筋端面间隙，在焊剂层下形成电弧过程和电渣过程，产生电弧热和电阻热，熔化钢筋，加压完成的一种压焊方法。

钢筋气压焊：采用氧乙炔火焰或氧液化石油气火焰（或其他火焰），对两钢筋对接处加热，使其达到热塑性状态（固态）或熔化状态（熔态）后，加压完成的一种压焊方法。

预埋件钢筋埋弧压力焊：将钢筋与钢板安放成 T 形接头形式，利用焊接电流通过，在焊剂层下产生电弧，形成熔池，加压完成的一种压焊方法。

预埋件钢筋埋弧螺柱焊：用电弧螺柱焊焊枪加持钢筋，使钢筋垂直对准钢板，采用螺柱焊电源设备产生强电流、短时间的焊接电弧，在溶剂层保护下使钢筋焊接端面与钢板间产生熔池后，适时将钢筋插入熔池，形成 T 形接头的焊接方法。

熔合区：焊接接头中，焊缝与热影响区相互过渡的区域。

热影响区：焊接或热切割过程中，钢筋母材因受热的影响（但未熔化），使金属组织和力学性能发生变化的区域。

延性断裂：形成暗淡且无光泽的纤维状剪切断口的断裂。

《钢筋机械连接技术规程》（JGJ 107—2016），该规程适用于建筑工程混凝土结构中钢筋机械连接的设计、施工及验收。

第二节　取样方法

一、原材料

1. 钢筋

《混凝土结构工程施工质量验收规范》（GB 50204—2015）中有关取样规则要求如下：

钢筋进场时，应按国家现行相关标准的规定抽取试件做屈服强度、抗拉强度、伸长率、弯曲性能和重量偏差检验，检验结果应符合相应标准的规定。

检查数量：按进场批次和产品的抽样检验方案确定。

检验方法：检查质量证明文件和抽样检验报告。

成型钢筋进场时，应抽取试件做屈服强度、抗拉强度、伸长率和重量偏差检验，检验结果应符合国家现行有关标准的规定。

对由热轧钢筋制成的成型钢筋，当有施工单位或监理单位的代表驻场监督生产过程，并提供原材钢筋力学性能第三方检验报告时，可仅进行重量偏差检验。

检查数量：同一厂家、同一类型、同一钢筋来源的成型钢筋，不超过 30t 为一批，每批中每种钢筋牌号、规格均应至少抽取 1 个钢筋试件，总数不应少于 3 个。

检验方法：检查质量证明文件和抽样检验报告。

盘卷钢筋调直后应进行力学性能和重量偏差检验，应对 3 个试件先进行重量偏差检验，再取其中 2 个试件进行力学性能检验。检查数量：同一厂家、同一牌号、同一规格，重量不大于 30t 为一批；每批见证取 3 件试件，试件切口应平滑且与长度方向垂直，且长度不应小于 500mm。

注：采用无延伸功能的机械设备调直的钢筋，可不进行本条规定的检验。

预应力筋进场时，应按国家现行标准《预应力混凝土用钢绞线》（GB/T 5224—2014）、《预应力混凝土用钢丝》（GB/T 5223—2014）、《预应力混凝土用螺纹钢筋》（GB/T 20065—2016）和《无粘结预应力钢绞线》（JG/T 161—2016）抽取试件作抗拉强度、伸长率检验，其检验结果应符合相应标准的规定。

（1）热轧光圆钢筋

《钢筋混凝土用钢 第 1 部分：热轧光圆钢筋》（GB 1499.1—2017）中取样规定如下：

钢筋应按批进行检查和验收，每批由同一牌号、同一炉罐号、同一尺寸的钢筋组成。每批重量通常不大于 60t。从每批中任选两根钢筋切取 2 个拉伸试样和 2 个弯曲试样。超过 60t 的部分，每增加 40t（或不足 40t 的余数），增加 1 个拉伸试样和 1 个弯曲试样。允许由同一牌号、同一冶炼方法、同一浇筑方法的不同炉罐号组成混合批。各炉罐号含碳量之差不大于 0.02%，含锰量之差不大于 0.15%。混合批的重量不大于 60t。

测量钢筋的重量偏差时，其检查数量按进场的批次和产品的抽样检验方案确定。试样应从不同钢筋上截取，数量不少于 5 支，每支试样长度不小于 500mm。

（2）热轧带肋钢筋

《钢筋混凝土用钢 第 2 部分：热轧带肋钢筋》（GB 1499.2—2018）中取样规定如下：

钢筋应按批进行检查和验收，每批由同一牌号、同一炉罐号、同一规格的钢筋组成。每批重量通常不大于 60t。从每批中任选两根钢筋切取 2 个拉伸试样和 2 个弯曲试样，对牌号带 E 的钢筋应加 1 个反向弯曲试样。超过 60t 的部分，每增加 40t（或不足 40t 的余数），增加 1 个拉伸试验试样和 1 个弯曲试验试样。允许由同一牌号、同一冶炼方法、同一浇筑方法的不同炉罐号组成混合批。但各炉罐号含碳量之差不大于 0.02%，含锰量之差不大于 0.15%。混合批的重量不大于 60t。

测量钢筋的重量偏差时，其检查数量按进场的批次和产品的抽样检验方案确定。试样应从不同钢筋上截取，数量不少于 5 支，每支试样长度不小于 500mm。

（3）钢筋焊接网

《钢筋混凝土用钢 第 3 部分：钢筋焊接网》（GB/T 1499.3—2010）中取样规定如下：

钢筋焊接网应按批进行检查验收，每批应由同一型号、同一原材料来源、同一生产设备并在同一连续时段内制造的钢筋焊接网组成，重量不大于 60t。

钢筋焊接网试样均应从成品网片上截取，但试样所包含的交叉点不应开焊。除去掉多余的部分以外，试样不得进行其他加工。

拉伸试样应沿钢筋焊接网两个方向各截取一个试样，每个试样至少有一个交叉点。试样长度应足够，以保证夹具之间的距离不小于 20 倍试样直径或 180mm（取二者之较大者）。对于并筋，非受拉钢筋应在离交叉焊点约 20mm 处切断。拉伸试样上的横向钢筋宜距交叉点约 25mm 处切断。

应沿钢筋网两个方向各截取一个弯曲试样，试样应保证试验时受弯曲部位离开交叉焊点至少 25mm。

抗剪试样应沿同一横向钢筋随机截取 3 个试样。钢筋网两个方向均为单根钢筋时，较粗钢筋为受拉钢筋；对于并筋，其中之一为受拉钢筋，另一支非受拉钢筋应在交叉焊点处切断，但不应损伤受拉钢筋焊点。抗剪试样上的横向钢筋应距交叉点不小于 25mm 之处切断。

重量偏差试样应截取 5 个试样，每个试样至少有 1 个交叉点，纵向并筋与横筋的每一交叉处只算一个交叉点。试样长度应不小于拉伸试样的长度。

(4) 低碳钢热轧圆盘条

《低碳钢热轧圆盘条》(GB/T 701—2008) 中取样规定如下：

盘条应成批验收。每批由同一牌号、同一炉号、同一尺寸的盘条组成。每批盘条取 1 个拉伸试件，2 个弯曲试件（不同根盘条）。

(5) 高延性冷轧带肋钢筋

《高延性冷轧带肋钢筋》(YB/T 4260—2011) 中取样规定如下：

应按批进行检查和验收，每批由同一牌号、同一外形、同一规格、同一生产工艺和同一交货状态的钢筋组成，每批重量不大于 60t。每捆（盘）取 1 个拉伸试样、取 1 个重量偏差试样，每批取 2 个弯曲试样，2 个反复弯曲试验。

注：捆（盘）指生产钢筋的"原料盘"。

(6) 冷轧带肋钢筋

《冷轧带肋钢筋》(GB/T 13788—2017) 中取样规定如下：

钢筋应按批进行检查和验收，每批应由同一牌号、同一外形、同一规格、同一生产工艺和同一交货状态的钢筋组成，每批不大于 60t。每盘取 1 根拉伸试件，每批取 2 根弯曲试件，试样在每（任）盘中随机切取。测量钢筋重量偏差时，试样长度应不小于 500mm。

《冷轧带肋钢筋混凝土结构技术规程》(JGJ 95—2011) 中取样规定如下：

进场（厂）的冷轧带肋钢筋应按同一厂家、同一牌号、同一直径、同一交货状态的划分原则分检验批进行抽样检验。每个检验批的检验项目为外观质量、重量偏差、拉伸试验（量测抗拉强度和伸长率）和弯曲试验或反复弯曲试验。

CRB550、CRB600H 钢筋的重量偏差、拉伸试验和弯曲试验的检验批重量不应超过 10t，每个检验批的检验应符合下列规定：

每个检验批由 3 个试样组成。应随机抽取 3 捆（盘），从每捆（盘）抽一根钢筋（钢筋一端），并在任一端截去 500mm 后取一个长度不小于 300mm 的试样。3 个试样均应进行重量偏差检验，再取其中 2 个试样分别进行拉伸试验和弯曲试验。

CRB650、CRB650H、CRB800、CRB800H 和 CRB970 钢筋的重量偏差、拉伸试验和反复弯曲试验的检验批重量不应超过 5t。当连续 10 批且每批的检验结果均合格时，可改为重量不超过 10t 为一个检验批进行检验。每个检验批的检验应符合下列规定：

每个检验批由 3 个试样组成。应随机抽取 3 捆（盘），从每捆（盘）抽一根钢筋（钢筋一端），并在任一端截去 500mm 后取一个长度不小于 300mm 的试样。3 个试样均应进行重量偏差检验，再取其中 2 个试样分别进行拉伸试验和反复弯曲试验。

(7) 冷拔低碳钢丝

《混凝土制品用冷拔低碳钢丝》(JC/T 540—2006) 中取样规定如下：

冷拔低碳钢丝应按批进行检查和验收，每批冷拔低碳钢丝应由同一钢厂、同一钢号、同一总压缩率、同一直径组成，甲级冷拔低碳钢丝每批质量不大于 30t，乙级冷拔低碳钢丝每批质量不大于 50t。甲级冷拔低碳钢丝抗拉强度、断后伸长率及反复弯曲次数应逐盘进行检验；乙级冷拔低碳钢丝抗拉强度、断后伸长率及反复弯曲次数每批抽查数量不少于3盘。

《冷拔低碳钢丝应用技术规程》（JGJ 19—2010）中取样规定如下：

按同一生产单位、同一原材料、同一直径，且不应超过30t为一个检验批进行抽样检验。每个检验批的检验项目为表面质量、直径偏差、拉伸试验和反复弯曲试验。

每个检验批应抽取不少于5盘进行直径偏差检验，每盘钢丝抽取1点测量钢丝直径。每个检验批的冷拔低碳钢丝拉伸试验和反复弯曲试验应符合下列规定：每批应抽取不少于3盘的冷拔低碳钢丝进行拉伸试验和反复弯曲试验。每盘钢丝中任一端截去500mm以后再取2个试样：1个试样进行拉伸试验，1个试样进行反复弯曲试验。

检验批的所有试样都合格时，判定该检验批检验合格。当检验项目有1个试验项目不合格时，应在未抽取过试样的钢丝盘中另取原抽样数量的双倍进行项目复检，如复检试样全部合格，判定该检验项目复验合格。对于检验或复检不合格的检验批应逐盘检验，合格盘可用于工程。

（8）钢绞线

《预应力混凝土用钢绞线》（GB/T 5224—2014）中取样规定如下：

钢绞线应成批检查和验收，每批钢绞线由同一牌号、同一规格、同一生产工艺捻制的钢绞线组成，每批重量不大于60t。每批取3根进行拉力、伸长率检验，取样部位在每（任）盘卷中任意一端裁取。

当某一项检验结果不符合本标准相应规定时，则该盘卷不得交货，并从同一批未经试验的钢绞线盘卷中取双倍数量的试样进行该不合格项目的复验，复验结果即使有一个试样不合格，则整批钢绞线不得交货，或进行逐盘检验合格者交货。

《无粘结预应力钢绞线》（JG/T 161—2016）中取样规定如下：

出厂检验应按批验收，每批产品由同一公称抗拉强度、同一公称直径、同一生产工艺生产的无粘结预应力钢绞线组成，每批产品质量不应大于60t。出厂检验时，应从同一批产品任意盘卷的任意一端端部1m后的部位截取不同试验所需长度的试样，力学性能试验每批取3件。

（9）预应力混凝土用钢丝

《预应力混凝土用钢丝》（GB/T 5223—2014）中取样规定如下：

钢丝应成批检查和验收，每批钢丝由同一牌号、同一规格、同一加工状态的钢丝组成，每批重量不大于60t。每批取3根进行拉力、伸长率检验，取样部位在每（任一）盘中任意一端裁取。

（10）预应力混凝土用螺纹钢筋

《预应力混凝土用螺纹钢筋》（GB/T 20065—2016）中取样规定如下：

本标准适用于采用热轧、轧后余热处理或热处理等工艺生产的预应力混凝土用螺纹钢筋。

钢筋应按批进行检查和验收，每批应有同一炉罐号、同一规格、同一交货状态的钢筋组成。每批任选两根钢筋进行拉伸试验，对每批重量大于60t的钢筋，超过60t的部分，每增加40t，增加一个拉伸试样。

（11）预应力筋用锚具、夹具、连接器

《混凝土结构工程施工质量验收规范》（GB 50204—2015）中规定：

预应力筋用锚具应和锚垫板、局部加强钢筋配套使用，锚具、夹具和连接器进场时，应按现行行业标准《预应力筋用锚具、夹具和连接器应用技术规程》（JGJ 85—2010）的相关规定对其性能进行检验，检验结果符合该标准的规定。锚具、夹具和连接器用量不足检验批规定数量的 50％，且供货方提供有效的试验报告时，可不做静载锚固性能试验。

《预应力筋用锚具、夹具和连接器应用技术规程》（JGJ 85—2010）中取样规定如下：

进场验收时，每个检验批的锚具不宜超过 2000 套，连接器不宜超过 500 套，夹具不宜超过 500 套。获得第三方独立认证的产品，其检验批的批量可扩大 1 倍。锚具产品按合同验收后，应按下列规定的项目进行进场检验。

外观检查：应从每批产品中抽取 2％且不应少于 10 套样品，其外形尺寸应符合产品质量保证书所示的尺寸范围，且表面不得有裂纹及锈蚀；当有下列情况之一时，应对本批产品的外观逐套检查，合格者方可进入后续检验：

1）当有 1 个零件不符合产品质量保证书所示的外形尺寸，应另取双倍数量的零件重做检查，仍有 1 件不合格。

2）当有 1 个零件表面有裂纹或夹片、锚孔锥面有锈蚀。

对配套使用的锚垫板和螺旋筋可按上述方法进行外观检查，但允许表面有轻度锈蚀。

硬度检验：对有硬度要求的锚具零件，应从每批产品中抽取 3％且不应少于 5 套样品（多孔夹片式锚具的夹片，每套应抽取 6 片）进行检验，硬度值应符合产品质量保证书的规定；当有 1 个零件不符合时，应另取双倍数量的零件重做检验；在重做检验中如仍有 1 个零件不符合，应对该批产品逐个检验，符合者方可进入后续检验。

静载锚固性能试验：应在外观检查和硬度检验均合格的锚具中抽取样品，与相应规格和强度等级的预应力筋组装成 3 个预应力筋—锚具组装件，进行静载锚固性能试验。对于锚具用量较少的一般工程，如由锚具供应商提供有效的锚具静载锚固性能试验合格的证明文件，可仅进行外观检查和硬度检验。

夹具进场验收时，应进行外观检查、硬度检验和静载锚固性能试验。夹具用量较少时，如有生产厂提供有效的静载锚固性能试验合格的证明文件，可仅进行外观检查、硬度检验。

2. 碳素结构钢

（1）取样规则、数量

应成批验收，每批由同一牌号、同一炉号、同一质量等级、同一品种、同一尺寸、同一交货状态组成，每批重量不得大于 60t。每批取 1 个拉伸试件，1 个弯曲试件。拉伸和冷弯试验，钢板、钢带试样的纵向轴线应垂直于轧制方向，型钢、钢棒和受宽度限制的窄钢带试样的纵向轴线应平行轧制方向。

（2）取样方法

力学性能试验用样坯的取样应按照相应钢材产品标准的规定进行，产品标准未规定时，应按国家标准《钢及钢产品力学性能试验取样位置及试样制备》（GB 2975—1998）中相关要求取样、制备试样。

3. 钢丝

（1）取样方法

甲级钢丝的力学性能应逐盘检验，从每盘钢丝上任一端截去不少于 500mm 后再取两个试样。乙级钢丝的力学性能可分批抽样检验。以同一直径的钢丝 50t 为一批，从中任取三盘，每盘各截取两个试样。

（2）取样数量

甲级钢丝每盘做 1 个拉伸试验，1 个 180°的反复弯曲试验。

乙级钢丝每批做 3 个拉伸试验，3 个 180°的反复弯曲试验。

4. 试样规格

试样规格见表 8-1、表 8-2。

试样规格表（mm） 表 8-1

试　样	拉伸试样长度	弯曲试样长度	反复弯曲试样长度
圆形试样	不小于 $l_0 + d_0 +$ 夹持长度	$5d_0 + 150$	$150 \sim 250$
矩形试样	不小于 $l_0 + b_0/2 +$ 夹持长度	$5d_0 + 150$	—

注：l_0——原标距长度；d_0——钢筋直径；b_0——矩形试样宽度。

钢筋日常习惯试样长度（供参考）（mm） 表 8-2

试样直径	拉伸试样长度	弯曲试样长度	反复弯曲试样长度
$6.5 \sim 20$	$300 \sim 400$	250	$150 \sim 250$
$22 \sim 32$	$350 \sim 450$	300	—

二、钢筋焊接件

1. 代表批量及试件数量

（1）钢筋闪光对焊接头

在同一台班内，由同一焊工完成的 300 个同牌号、同直径钢筋焊接接头应作为一批。当同一台班内焊接的接头的数量较少，可在一周之内累计计算；累计仍不足 300 个接头，应按一批计算。

钢筋闪光对焊接头的力学性能试验包括拉伸试验和弯曲试验，应从每批接头中切取 6 个接头，3 个做拉伸试验，3 个做弯曲试验。

异径钢筋接头可只做拉伸试验。

（2）箍筋闪光对焊接头

同一台班内，由同一焊工完成的 600 个同牌号、同直径箍筋闪光对焊接头作为一个检验批；如超出 600 个接头，其超出部分可以与下一台班完成接头累计计算。

每个检验批中应随机切取 3 个对焊接头做拉伸试验。

（3）钢筋电弧焊接头

1）在现浇混凝土结构中，应以 300 个同牌号钢筋、型式接头作为一批。在房屋结构中，应在不超过二楼层中 300 个同牌号钢筋、同型式接头作为一批。每批随机切取 3 个接头，做拉伸试验。

2）在装配式结构中。可按生产条件制作模拟试件，每批 3 个，做拉伸试验。

在同一批中若有 3 种不同直径的钢筋焊接接头，应在最大直径钢筋接头和最小直径钢筋接头中分别切取 3 个试件进行拉伸试验。钢筋电渣压力焊接头、钢筋气压焊接头取样均同。

（4）电渣压力焊接头

在现浇钢筋混凝土结构中，应以 300 个同牌号钢筋接头作为一批；在房屋结构中，应在不超过二楼层中 300 个同牌号钢筋接头为一批；当不足 300 个接头时，仍应作为一批。每批随机切取 3 个接头做拉伸试验。

（5）气压焊接头

在现浇钢筋混凝土结构中，应以 300 个同牌号钢筋接头作为一批；在房屋结构中，应在不超过二楼层中 300 个同牌号钢筋接头作为一批；当不足 300 个接头时，仍应作为一批。在柱、墙竖向钢筋连接中，应从每批接头中随机切取 3 个接头做拉伸试验；在梁、板的水平钢筋连接中，应另切取 3 个接头做弯曲试验。同一批中，异性钢筋气压焊接头可只做拉伸试验。

（6）预埋件钢筋 T 形接头

当进行力学性能试验时，应以 300 件同类型预埋件作为一批。一周内连续焊接时，可累计计算。当不足 300 件时，亦应按一批计算。应从每批预埋件中随机切取 3 个接头做拉伸试验，试件的钢筋长度应大于或等于 200mm，钢板的长度和宽度应大于或等于 60mm，并视钢筋直径的增大而增大。

2. 试样尺寸

各种钢筋焊接接头的拉伸试样的尺寸可按表 8-3 的规定取用。

拉伸试样的尺寸 表 8-3

焊接方法		接头型式	试样尺寸（mm）	
			l_s	$L\geqslant$
电阻点焊			$\geqslant 20d$，且$\geqslant 180$	$l_s + 2l_j$
闪光对焊			$8d$	$l_s + 2l_j$
电弧焊	双面帮条焊		$8d + l_h$	$l_s + 2l_j$
	单面帮条焊		$5d + l_h$	$l_s + 2l_j$
	双面搭接焊		$8d + l_h$	$l_s + 2l_j$

续表

焊接方法		接头型式	试样尺寸（mm）	
			l_s	$L\geqslant$
电弧焊	单面搭接焊		$5d+l_h$	l_s+2l_j
	熔槽帮条焊		$8d+l_h$	l_s+2l_j
	坡口焊		$8d$	l_s+2l_j
	窄间隙焊		$8d$	l_s+2l_j
电渣压力焊			$8d$	l_s+2l_j
气压焊			$8d$	l_s+2l_j
预埋件	电弧焊埋弧压力焊埋弧螺柱焊		—	200

注：l_s——受试长度；l_h——焊缝长度；l_j——夹持长度；L——试样长度；d——钢筋直径。

三、机械连接件

钢筋机械连接接头性能应包括单向拉伸、高应力反复拉压、大变形反复拉压和疲劳性能，根据接头的性能等级和应用场合选择相应的检验项目。

接头应根据极限抗拉强度、残余变形、最大力下总伸长率以及高应力和大变形条件下反复拉压性能，分为Ⅰ级、Ⅱ级、Ⅲ级三个等级。

接头工艺检验应针对不同钢筋生产厂的钢筋进行，施工过程中更换钢筋生产厂或接头技术提供单位时，应补充进行工艺检验。工艺检验应符合下列规定：

（1）各种类型和型式接头都应进行工艺检验，检验项目包括单向拉伸极限抗拉强度和残余变形。

（2）每种规格钢筋接头试件不应少于 3 根。

工艺检验不合格时，应进行工艺参数调整，合格后方可按最终确认的工艺参数进行接头批量加工。

接头现场抽检项目应包括极限抗拉强度试验、加工和安装质量检验。抽检应按验收批进行，同钢筋生产厂、同强度等级、同规格、同类型和同型式接头应以 500 个为一个验收批进行检验与验收，不足 500 个也应作为一个验收批。

对接头的每一验收批，应在工程结构中随机截取 3 个接头试件做极限抗拉强度试验，按设计要求的接头等级进行评定。当 3 个接头试件的极限抗拉强度均符合表 8-4 中相应等级的强度要求时，该验收批应评为合格。当仅有 1 个试件的极限抗拉强度不符合要求，应再取 6 个试件进行复验。复验中仍有 1 个试件的极限抗拉强度不符合要求，该验收批应评为不合格。

接头极限抗拉强度 表 8-4

接头等级	Ⅰ级	Ⅱ级	Ⅲ级
极限抗拉强度	$f^o_{mst} \geqslant f_{stk}$ 钢筋拉断 或 $f^o_{mst} \geqslant 1.10 f_{stk}$ 连接件破坏	$f^o_{mst} \geqslant f_{stk}$	$f^o_{mst} \geqslant 1.25 f_{stk}$

注：1. 钢筋拉断指断于钢筋母材、套筒外钢筋丝头和钢筋镦粗过渡段；

2. 连接件破坏指断于套筒、套筒纵向开裂或钢筋从套筒中拔出以及其他连接组件破坏。

同一接头类型、同型式、同等级、同规格的现场检验连续 10 个验收批抽样试件抗拉强度试验一次合格率为 100% 时，验收批接头数量可扩大为 1000 个；当验收批接头数量少于 200 个时，可按《钢筋机械连接技术规程》相同的抽样要求随机抽取 2 个试件做极限抗拉强度试验，当 2 个试件的极限抗拉强度均满足表 8-4 的强度要求时，该验收批应评为合格。当有 1 个试件的极限抗拉强度不满足要求，应再取 4 个试件进行复检，复检中仍有 1 个试件极限抗拉强度不满足要求，该验收批应评为不合格。

对有效认证的接头产品，验收批数量可扩大至 1000 个；当现场抽检连续 10 个验收批抽样试件极限抗拉强度检验一次合格率为 100% 时，验收批接头数量可扩大为 1500 个。当扩大后的各验收批中出现抽样试件极限抗拉强度检验不合格的评定结果时，应将随后的各验收批数量恢复为 500 个，且不得再次扩大验收批数量。

第三节 结果判定及处理

一、原材料

1. 钢筋混凝土用钢 第1部分：热轧光圆钢筋

（1）力学性能、工艺性能

1）钢筋的屈服强度 R_{el}、抗拉强度 R_m、断后伸长率 A、最大力总伸长率 A_{gt} 等力学性能特征值应符合表8-5的规定。表8-5所列各力学性能特征值，可作为交货检验的最小保证值。钢筋的实际重量与理论重量的允许偏差应符合表8-6的规定。

热轧光圆钢筋力学性能及工艺性能　　　　　　　表8-5

牌号	R_{el}（MPa）	R_m（MPa）	A（%）	A_{gt}（%）	冷弯试验180° d——弯芯直径；a——钢筋公称直径
	不小于				
HPB300	300	420	25.0	10.0	$d=a$

注：《钢筋混凝土用钢 第1部分：热轧光圆钢筋》（GB 1499.1—2008）已删除了HPB235牌号及其相关技术要求。

钢筋的实际重量与理论重量的允许偏差　　　　　　表8-6

公称直径（mm）	钢筋的实际重量与理论重量的偏差（%）
6~12	±6
14~22	±5

2）根据供需双方协议，伸长率类型可从 A 或 A_{gt} 中选定。如伸长率类型未经协议确定，则伸长率采用 A，仲裁检验时采用 A_{gt}。

3）弯曲性能：按表8-5规定的弯芯直径弯曲180°后，钢筋受弯曲部位表面不得产生裂纹。

（2）复验与判定规则

力学性能及工艺性能如有某一项试验结果不符合表8-5的指标要求，则从同一批中再任取双倍数量的试样进行该不合格项目的复验。复验结果（包括该项试验所要求的任一指标），即使有一个指标不合格，则整批不得交货。重量偏差不合格时，不允许复验。

2. 钢筋混凝土用钢 第2部分：热轧带肋钢筋

（1）力学性能

1）钢筋的屈服强度 R_{el}、抗拉强度 R_m、断后伸长率 A、最大力总伸长率 A_{gt} 等力学性能特征值应符合表8-7的规定。表8-7所列各力学性能特征值，可作为交货检验的最小保证值。钢筋的实际重量与理论重量的允许偏差应符合表8-8的规定。

2）直径28~40mm各牌号钢筋的断后伸长率 A 可降低1%；直径大于40mm各牌号钢筋的断后伸长率 A 可降低2%。

3）对于没有明显屈服强度的钢，屈服强度特征值 R_{el} 应采用规定非比例延伸强度 $R_{p0.2}$。

热轧带肋钢筋力学性能　　表 8-7

牌　号	R_{eL}（MPa）	R_m（MPa）	A（%）	A_{gt}（%）	R_m^0/R_{eL}^0	R_{eL}^0/R_{eL}
	不小于					不大于
HRB400 HRBF400	400	540	16	7.5	—	—
HRB400E HRBF400E			—	9.0	1.25	1.30
HRB500 HRBF500	500	630	15	7.5	—	—
HRB500E HRBF500E			—	9.0	1.25	1.30
HRB600	600	730	14	7.5	—	—

注：《钢筋混凝土用钢　第 2 部分：热轧带肋钢筋》（GB 1499.2—2018）删除了 HRB335 牌号及其相关技术要求。

钢筋的实际重量与理论重量的允许偏差　　表 8-8

公称直径（mm）	钢筋的实际重量与理论重量的偏差（%）
6～12	±6.0
14～20	±5.0
22～50	±4.0

4）根据供需双方协议，伸长率类型可从 A 或 A_{gt} 中选定。如伸长率类型未经协议确定，则伸长率采用 A，仲裁检验时采用 A_{gt}。

（2）工艺性能

弯曲性能：按表 8-9 规定的弯芯直径弯曲 180°后，钢筋受弯曲部位表面不得产生裂纹。

弯曲性能（mm）　　表 8-9

牌　号	公称直径 d	弯芯直径
HRB400 HRBF400 HRB400E HRBF400E	6～25	$4d$
	28～40	$5d$
	>40～50	$6d$
HRB500 HRBF500 HRB500E HRBF500E	6～25	$6d$
	28～40	$7d$
	>40～50	$8d$

续表

牌　　号	公称直径 d	弯芯直径
HRB600	6～25	$6d$
	28～40	$7d$
	＞40～50	$8d$

当一次或几次试验的结果不符合要求时，除以下的特殊情况外，制造商可以判废相应的试验单元，也可以进行复验。但当出现白点时不允许复验。重量偏差不合格时，不允许复验。

如果试验结果与交货钢材的规定值偏离很大，则有理由怀疑产品已混号，此时，应按规定的方法处理。

（3）复验

1）一般要求

当一次或几次试验的结果不符合要求时，除以下的特殊情况外，生产厂可以判定相应的试验单元，也可以要求按下面 2）、3）规定进行复验。但当出现白点时不允许复验。《钢筋混凝土用钢　第 1 部分：热轧光圆钢筋》（GB 1499.1—2008）及《钢筋混凝土用钢　第 2 部分：热轧带肋钢筋》（GB 1499.2—2007）明确规定：重量偏差不合格不允许复检。

2）非序贯试验

如果不合格的结果不是由平均值计算出的，而是从试验中测得的，仅规定单个值（例如拉伸试验、弯曲试验）时，复验时应采用下列方法：

① 试验单元是单件产品（图 8-1），应对不合格项目做相同类型的双倍试验，双倍试验应全部合格，否则，产品应拒收。

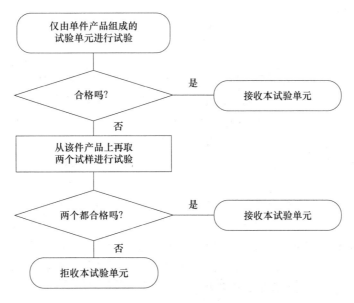

图 8-1　试验单元为单件产品的非序贯试验结果流程图

② 如果试验单元中不是单件产品组成，例如同一轧制批、铸造批或热处理批组成（图 8-2），制造商可有权不从试验单元中挑出试验结果不合格的抽样产品。

A. 如果抽样产品从试验单元中挑出，检验代表应随机从同一试验单元中选出另外两个抽样产品；然后从两个抽样产品中分别制取的试样，在与第一次试验相同的条件下再做一次同类型的试验，其试验结果应全部合格。

B. 如果抽样产品保留在试验单元中，应按上一规定步骤进行。但是重取的试样应有一个是从原抽样产品上切取的，其试验结果应全部合格。

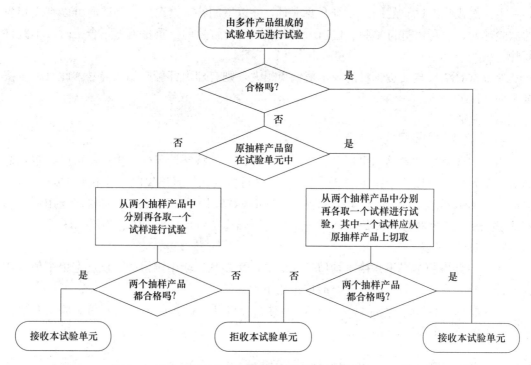

图 8-2　试验单元为多件产品组成的非序贯试验结果流程图

3）序贯试验

按序贯方法得到的试验结果不合格时（图 8-3），复验时应按下列要求进行。

将试验结果不合格的抽样产品挑出报废，然后按非序贯试验由多件产品组成的试验单元中 A 规定的方法，在试验单元的剩余部分取 2 个抽样产品，在每个抽样产品上各选取新的一组 3 个试样，这两组试样的试验结果均应符合非序贯试验由单件产品组成的试验单元的规定，不能再用非序贯试验由多件产品组成的试验单元进行判定。

3. 低碳钢热轧圆盘条

（1）盘条的力学性能和工艺性能应符合表 8-10 的规定。

（2）复验与判定规则

任何检验如有某一项试验结果不符合表 8-10 的标准要求，则从同一批中再任取双倍数量的试样进行该不合格项目的复验（白点除外）。复验结果（包括该项试验所要求的任一指标）即使有一个指标不合格，则整批不得交货。

盘卷钢筋和直条钢筋调直后的断后伸长率、重量偏差应符合表 8-11 的规定。

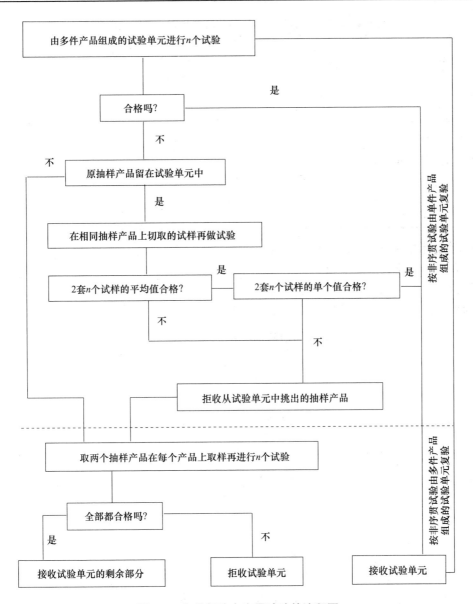

图 8-3 有关复验中序贯试验的流程图

注：对冲击试验 $n=3$。

盘条力学性能和工艺性能　　　　　　　　　　　　　　表 8-10

牌　　号	力 学 性 能		冷弯试验 $180°$ $d=$弯心直径； $a=$试样直径
	抗拉强度 $R_m/$ （N/mm²），不小于	断后伸长率 $A_{11.3}$ （%），不小于	
Q195	410	30	$d=0$
Q215	435	28	$d=0$
Q235	500	23	$d=0.5a$
Q275	540	21	$d=1.5a$

盘卷钢筋和直条钢筋调直后的断后伸长率、重量偏差要求　　　　表 8-11

钢筋牌号	断后伸长率 A（%）	重量偏差（%）	
		直径 6～12mm	直径 14～20mm
HPB300	≥21	≥−10	—
HRB335、HRBF335	≥16	≥−8	≥−6
HRB400、HRBF400	≥15		
RRB400	≥13		
HRB500、HRBF500	≥14		

4. 冷轧带肋钢筋

（1）力学性能和工艺性能

该钢筋的力学性能和工艺性能应符合表 8-12 的规定。当进行弯曲试验时，受弯曲部位表面不得产生裂纹，反复弯曲试验的弯曲半径应符合表 8-13 的规定。

冷轧带肋钢筋力学性能和工艺性能　　　　表 8-12

分类	牌号	规定塑性延伸强度 $R_{p0.2}$(MPa)，不小于	抗拉强度 R_m(MPa)，不小于	$R_m/R_{p0.2}$，不小于	断后伸长率（%），不小于		最大力总延伸率（%），不小于	弯曲试验180°	反复弯曲次数	应力松弛相应力应相当于公称抗拉强度的70%
					A	A_{100mm}	A_{gt}			1000h，（%）不大于
普通钢筋混凝土用	CRB550	500	550	1.05	11.0	—	2.5	$D=3d$	—	—
	CRB600H	540	600	1.05	14.0	—	5.0	$D=3d$	—	—
	CRB680H	600	680	1.05	14.0	—	5.0	$D=3d$	4	5
预应力混凝土用	CRB650	585	650	1.05	—	4.0	2.5		3	8
	CRB800	720	800	1.05	—	4.0	2.5		3	8
	CRB800H	720	800	1.05	—	7.0	4.0		4	5

注：1. D 为弯心直径；d 为钢筋公称直径。
2. 当该牌号钢筋作为普通钢筋混凝土用钢筋使用时，对反复弯曲和应力松弛不做要求；当该牌号钢筋作为预应力混凝土用钢筋使用时应进行反复弯曲试验代替180°弯曲试验，并检测松弛率。

反复弯曲试验的弯曲半径（mm）　　　　表 8-13

钢筋公称直径	4	5	6
弯曲半径	10	15	15

（2）复验与判定规则

同《钢筋混凝土用钢　第 2 部分：热轧带肋钢筋》（GB 1499.2—2007）。

5. 混凝土制品用冷拔低碳钢丝

（1）力学性能

冷拔低碳钢丝的力学性能应符合表 8-14 的规定。

（2）复检规则

1）冷拔低碳钢丝的表面质量检查时，如有不合格者应予剔除。

2）甲级冷拔低碳钢丝的直径、抗拉强度、断后伸长率及反复弯曲次数如有某检验项目不合格时，不得进行复检。

冷拔低碳钢丝的力学性能　　　　　　　　　　　　　　　　表 8-14

级别	公称直径 d（mm）	抗拉强度 R_a（MPa），不小于	断后伸长率 A_{100}（%），不小于	反复弯曲次数（次/180°），不小于
甲级	5.0	650	3.0	4
		600		
	4.0	700	2.5	
		650		
乙级	3.0，4.0，5.0，6.0	550	2.0	

注：甲级冷拔低碳钢丝作预应力筋用时，如经机械调直则抗拉强度标准值应降低 50MPa。

3）乙级冷拔低碳钢丝的直径、抗拉强度、断后伸长率及反复弯曲次数检验如有某检验项目不符合标准规定要求时，可从该批冷拔低碳钢丝中抽取双倍数量的试样进行复检。

（3）判定规则

1）甲级冷拔低碳钢丝如有某检验项目不合格时，该批冷拔低碳钢丝判定为不合格。

2）乙级冷拔低碳钢丝所检项目合格或复检合格时，则该批冷拔低碳钢丝判定为合格；如复检中仍有某检验项目不合格，则该批冷拔低碳钢丝判定为不合格。

6. 碳素结构钢

（1）力学性能

1）该钢材的拉伸试验结果应符合表 8-15 的规定，弯曲试验结果应符合表 8-16 的规定。

2）做拉伸和冷弯试验时，型钢和钢棒取纵向试样，钢板、钢带取横向试样，断后伸长率允许比表 8-15 降低 2%（绝对值）。窄钢带取横向试样如果受宽度限制时，可以取纵向试样。

3）如供方能保证冷弯试验符合表 8-16 的规定，可不作为检验。A 级钢冷弯试验合格时，抗拉强度上限可以不作为交货条件。

（2）复验

如有某一项试验结果不符合表 8-15、表 8-16 的要求，则从同一批中再任取双倍数量的试样进行该不合格项目的复验（白点除外）。复验结果（包括该项试验所要求的任一指标）即使有一个指标不合格，则整批不得交货。

表 8-15

碳素结构钢力学性能

牌号	等级	屈服强度 R_{eH}（N/mm²），不小于					抗拉强度 R_m（N/mm²）	断后伸长率 A（%），不小于					冲击试验（V 形缺口）	
		厚度（或直径）（mm）						厚度（或直径）（mm）					温度（℃）	冲击吸收功（纵向）（J），不小于
		≤16	>16~40	>40~60	>60~100	>100~150	>150~200		≤40	>40~60	>60~100	>100~150	>150~200		
Q195	—	195	185	—	—	—	—	315~430	33	—	—	—	—	—	—
Q215	A	215	205	195	185	175	165	335~450	31	30	29	27	26	—	—
	B													+20	27
Q235	A	235	225	215	215	195	185	370~500	26	25	24	22	21	—	—
	B													+20	27
	C													0	
	D													-20	
Q275	A	275	265	255	245	225	215	410~540	22	21	20	18	17	—	—
	B													+20	27
	C													0	
	D													-20	

注：1. Q195 的屈服强度值仅供参考，不作交货条件。

2. 厚度大于 100mm 的钢材，抗拉强度下限允许降低 20N/mm²。宽带钢（包括剪切钢板）抗拉强度上限不作交货条件。

3. 厚度小于 25mm 的 Q235B 级钢材，如供方能保证冲击吸收功值合格，经需方同意，可不作检验。

碳素结构钢弯曲试验性能 表 8-16

牌　号	试样方向	冷弯试验 $180°B=2a$	
		钢材厚度（或直径）（mm）	
		$\leqslant 60$	$>60\sim100$
		弯心直径 d	
Q195	纵	0	—
	横	$0.5a$	
Q215	纵	$0.5a$	$1.5a$
	横	a	$2a$
Q235	纵	a	$2a$
	横	$1.5a$	$2.5a$
Q275	纵	$1.5a$	$2.5a$
	横	$2a$	$3a$

注：1. B 为试样宽度；a 为试样厚度（或直径）。

2. 钢材厚度（或直径）大于 100mm 时，弯曲试验由双方协商确定。

7. 预应力混凝土用钢绞线

（1）力学性能

1）1×2 结构钢绞线的力学性能应符合表 8-17 的规定。

2）1×3 结构钢绞线的力学性能应符合表 8-18 的规定。

3）1×7 结构钢绞线的力学性能应符合表 8-19 的规定。

1×2 结构钢绞线力学性能 表 8-17

钢绞线结构	钢绞线公称直径 D_n（mm）	公称抗拉强度 R_m（MPa）	整根钢绞线的最大力 F_m（kN），不小于	整根钢绞线最大力的最大值 $F_{m,max}$（kN），不大于	0.2%屈服力 $F_{p0.2}$（kN）不小于	最大力总伸长率（$L_o\geqslant400mm$）A_{gt}（%），不小于	应力松弛性能	
							初始负荷相当于实际最大力的百分数（%）	1000h后应力松弛率 r（%），不大于
1×2	8.00	1470	36.9	41.9	32.5	对所有规格	对所有规格	对所有规格
	10.00		57.8	65.6	50.9			
	12.00		83.1	94.4	73.1	3.5	70	2.5
	5.00	1570	15.4	17.4	13.6			
	5.80		20.7	23.4	18.2		80	4.5
	8.00		39.4	44.4	34.7			
	10.00		61.7	69.6	54.3			
	12.00		88.7	100	78.1			

钢绞线结构	钢绞线公称直径 D_n (mm)	公称抗拉强度 R_m (MPa)	整根钢绞线的最大力 F_m (kN)，不小于	整根钢绞线最大力的最大值 $F_{m,max}$ (kN)，不大于	0.2%屈服力 $F_{p0.2}$ (kN)，不小于	最大力总伸长率 ($L_0 \geq 400mm$) A_{gt} (%)，不小于	应力松弛性能 初始负荷相当于实际最大力的百分数（%）	应力松弛性能 1000h后应力松弛率 r (%)，不大于
1×2	5.00	1720	16.9	18.9	14.9	对所有规格	对所有规格	对所有规格
	5.80		22.7	25.3	20.0			
	8.00		43.2	48.2	38.0			
	10.00		67.6	75.5	59.5			
	12.00		97.2	108	85.5			
	5.00	1860	18.3	20.2	16.1	3.5	70	2.5
	5.80		24.6	27.2	21.6			
	8.00		46.7	51.7	41.1		80	4.5
	10.00		73.1	81.0	64.3			
	12.00		105	116	92.5			
	5.00	1960	19.2	21.2	16.9			
	5.80		25.9	28.5	22.8			
	8.00		49.2	54.2	43.3			
	10.00		77.0	84.9	67.8			

1×3 结构钢绞线力学性能 表8-18

钢绞线结构	钢绞线公称直径 D_n (mm)	公称抗拉强度 R_m (MPa)	整根钢绞线的最大力 F_m (kN)，不小于	整根钢绞线最大力的最大值 $F_{m,max}$ (kN)，不大于	0.2%屈服力 $F_{p0.2}$ (kN)，不小于	最大力总伸长率 ($L_0 \geq 400mm$) A_{gt} (%)，不小于	应力松弛性能 初始负荷相当于实际最大力的百分数（%）	应力松弛性能 1000h后应力松弛率 r (%)，不大于
1×3	8.60	1470	55.4	63.0	48.8	对所有规格	对所有规格	对所有规格
	10.80		86.6	98.4	76.2	3.5	70	2.5
	12.90		125	142	110		80	4.5

钢绞线结构	钢绞线公称直径 D_n（mm）	公称抗拉强度 R_m（MPa）	整根钢绞线的最大力 F_m（kN），不小于	整根钢绞线最大力的最大值 $F_{m,max}$（kN），不大于	0.2%屈服力 $F_{p0.2}$（kN），不小于	最大力总伸长率（$L_o \geqslant 400mm$）A_{gt}（%），不小于	应力松弛性能	
							初始负荷相当于实际最大力的百分数（%）	1000h后应力松弛率 r（%），不大于
1×3	6.20	1570	31.1	35.0	27.4	对所有规格	对所有规格	对所有规格
	6.50		33.3	37.5	29.3			
	8.60		59.2	66.7	52.1			
	8.74		60.6	68.3	53.3			
	10.80		92.5	104	81.4			
	12.90		133	150	117	3.5	70	2.5
	8.74	1670	64.5	72.2	56.8			
	6.20	1720	34.1	38.0	30.0		80	4.5
	6.50		36.5	40.7	32.1			
	8.60		64.8	72.4	57.0			
	10.80		101	113	88.9			
	12.90		146	163	128			
	6.20	1860	36.8	40.8	32.4			
	6.50		39.4	43.7	34.7			
	8.60		70.1	77.7	61.7			
	8.74		71.8	79.5	63.2			
	10.80		110	121	96.8			
	12.90		158	175	139			
	6.20	1960	38.8	42.8	34.1			
	6.50		41.6	45.8	36.6			
	8.60		73.9	81.4	65.0			
	10.80		115	127	101			
	12.90		166	183	146			
1×3I	8.70	1570	60.4	68.1	53.2			
		1720	66.2	73.9	58.3			
		1860	71.6	79.3	63.0			

1×7 结构钢绞线力学性能

表 8-19

钢绞线结构	钢绞线公称直径 D_n（mm）	公称抗拉强度 R_m（MPa）	整根钢绞线的最大力 F_m（kN），不小于	整根钢绞线最大力的最大值 $F_{m,max}$（kN），不大于	0.2%屈服力 $F_{p0.2}$（kN），不小于	最大力总伸长率 $(L_o \geqslant 400mm)$ A_{gt}（%），不小于	应力松弛性能	
							初始负荷相当于实际最大力的百分数（%）	1000h后应力松弛率 r（%），不大于
1×7	15.20（15.24）	1470	206	234	181	对所有规格	对所有规格	对所有规格
		1570	220	248	194			
		1670	234	262	206			
	9.50（9.53）	1720	94.3	105	83.0	3.5	70	2.5
	11.10（11.11）		128	142	113			
	12.70	1720	170	190	150			
	15.20（15.24）		241	269	212			
	17.80（17.78）		327	365	288			
	18.90	1820	400	444	352			
	15.70	1770	266	296	234		80	4.5
	21.60		504	561	444			
	9.50（9.53）		102	113	89.8			
	11.10（11.11）		138	153	121			
	12.70		184	203	162			
	15.20（15.24）	1860	260	288	229			
	15.70		279	309	246			
	17.80（17.78）		355	391	311			
	18.90		409	453	360			
	21.60		530	587	466			
	9.50（9.53）		107	118	94.2			
	11.10（11.11）	1960	145	160	128			
	12.70		193	213	170			
	15.20（15.24）		274	302	241			
1×7I	12.70	1860	184	203	162			
	15.20（15.24）		260	288	229			
(1×7)C	12.70	1860	208	231	183			
	15.20（15.24）	1820	300	333	264			
	18.00	1720	384	428	338			

4）供方每一交货批钢绞线的实际强度不能高于其抗拉强度级别 200MPa。

（2）复验与判定规则

当某一项检验结果不符合表 8-17～表 8-19 规定时，则该盘卷不得交货，并从同一批未经试验的钢绞线盘卷中取双倍的试样进行不合格项目的复验，复验结果即使有一个试样不合格，则整批钢绞线不得交货，或进行逐盘检验合格后交货。供方有权对复验不合格产品进行重新组批提交验收。

8. 预应力筋用锚具、夹具和连接器

外观检验：受检零件的外形尺寸和外观质量应符合图样规定。全部样品均不得有裂纹出现，如发现一件有裂纹，即应对本批全部产品进行逐件检验，合格者方可使用。

硬度检验：按设计图样规定的表面位置和硬度范围检验和判定，如有 1 个零件不合格，则应另取双倍数量的零件重新检验；如仍有 1 个零件不合格，则应对本批零件逐个检验，合格者方可使用。

二、钢筋焊接件

钢筋闪光对焊接头、电弧焊接头、电渣压力焊接头、气压焊接头、箍筋闪光对焊接头、预埋件钢筋 T 形接头的拉伸试验，应从每一检验批接头中随机切取三个接头进行试验，并应按下列规定对试验结果进行评定：

符合下列条件之一，应评定该检验批接头拉伸试验合格：

（1）3 个试件均断于钢筋母材，呈延性断裂，其抗拉强度大于或等于钢筋母材抗拉强度标准值。

（2）2 个试件断于钢筋母材，呈延性断裂，其抗拉强度大于或等于钢筋母材抗拉强度标准值；另一试件断于焊缝，呈脆性断裂，其抗拉强度大于或等于钢筋母材抗拉强度标准值的 1.0 倍。

注：试件断于热影响区，呈延性断裂，应视作与断于钢筋母材等同；试件断于热影响区，呈脆性断裂，应视作与断于焊缝等同。

符合下列条件之一，应进行复验：

（1）2 个试件断于钢筋母材，呈延性断裂，其抗拉强度大于或等于钢筋母材抗拉强度标准值；另一试件断于焊缝，或热影响区，呈脆性断裂，其抗拉强度小于钢筋母材抗拉强度标准值的 1.0 倍。

（2）1 个试件断于钢筋母材，呈延性断裂，其抗拉强度大于或等于钢筋母材抗拉强度标准值；另 2 个试件断于焊缝或热影响区，呈脆性断裂。

（3）3 个试件均断于焊缝，呈脆性断裂，其抗拉强度均大于或等于钢筋母材抗拉强度标准值的 1.0 倍，应进行复验。当 3 个试件中有 1 个试件抗拉强度小于钢筋母材抗拉强度标准值的 1.0 倍，应判定该检验批接头拉伸试验不合格。

（4）复验时，应切取 6 个试件进行试验。试验结果，若有 4 个或 4 个以上试件断于钢筋母材，呈延性断裂，其抗拉强度大于或等于钢筋母材抗拉强度标准值，另 2 个或 2 个以下试件断于焊缝，呈脆性断裂，其抗拉强度大于或等于钢筋母材抗拉强度标准值的 1.0 倍，应判定该检验批接头拉伸试验复验合格。

可焊接余热处理钢筋 RRB400W 焊接接头拉伸试验结果，其抗拉强度应符合同级别热

轧带肋钢筋抗拉强度标准值 540MPa 的规定。

预埋件钢筋 T 形接头拉伸试验结果，3 个试件的抗拉强度均大于或等于表 8-20 的规定值时，应评定该检验批接头拉伸试验合格。若有一个接头试件抗拉强度小于表 8-20 的规定值时，应进行复验。

复验时，应切取 6 个试件进行试验。复验结果，其抗拉强度均大于或等于表 8-20 的规定值时，应评定该检验批接头拉伸试验复验合格。

预埋件钢筋 T 形接头抗拉强度规定值　　　　表 8-20

钢 筋 牌 号	抗拉强度规定值（MPa）
HPB300	400
HRB400、HRBF400	520
HRB500、HRBF500	610
RRB400W	520

钢筋闪光对焊接头、气压焊接头进行弯曲试验时，应从每一个检验批接头中随机抽取 3 个接头，焊缝应处于弯曲中心点，弯心直径和弯曲角度应符合表 8-21 的规定。

接头弯曲试验指标　　　　表 8-21

钢 筋 牌 号	弯 心 直 径	弯曲角度（°）
HPB300	2d	90
HRB400、HRBF400、RRB400W	5d	90
HRB500、HRBF500	7d	90

注：1. d 为钢筋直径（mm）。

2. 直径大于 25mm 的钢筋焊接接头，弯心直径应增加 1 倍钢筋直径。

弯曲试验结果应按下列规定进行评定：

1. 当试验结果，弯曲至 90°，有 2 个或 3 个试件外侧（含焊缝和热影响区）未发生宽度达到 0.5mm 的裂纹，应评定该检验批接头弯曲试验合格。

2. 当有 2 个试件发生宽度达到 0.5mm 的裂纹，应进行复验。

3. 当有 3 个试件发生宽度达到 0.5mm 的裂纹，应评定该检验批接头弯曲试验不合格。

4. 复验时，应切取 6 个试件进行试验。复验结果，当不超过 2 个试件发生宽度达到 0.5mm 的裂纹时，应评定该检验批接头弯曲试验复验合格。

三、机械连接件

（1）Ⅰ级、Ⅱ级、Ⅲ级接头的极限抗拉强度必须符合表 8-22 的规定。

（2）对接头的每一验收批，必须在工程结构中随机截取 3 个接头试件做抗拉强度试验，按设计要求的接头等级进行评定。当 3 个接头试件的抗拉强度均符合表 8-22 中相应等级的要求时，该验收批评为合格。如有 1 个试件的强度不符合要求，应再取 6 个试件进行复检。复检中如仍有一个试件的强度不符合要求，则该验收批评为不合格。

接头极限抗拉强度　　　　　　　　　表 8-22

接 头 等 级	Ⅰ级	Ⅱ级	Ⅲ级
极限抗拉强度	$f_{mst}^0 \geqslant f_{stk}$　　钢筋拉断 或 $f_{mst}^0 \geqslant 1.10 f_{stk}$　　连接件破坏	$f_{mst}^0 \geqslant f_{stk}$	$f_{mst}^0 \geqslant 1.25 f_{yk}$

注：f_{mst}^0——接头试件实测极限抗拉强度；f_{stk}——钢筋抗拉强度标准值；f_{yk}——钢筋屈服强度标准值。

　1. 钢筋拉断指断于钢筋母材、套筒外钢筋丝头和钢筋镦粗过渡段。

　2. 连接件破坏指断于套筒、套筒纵向开裂或钢筋从套筒中拔出以及其他连接组件破坏。

（3）同一接头类型、同型式、同等级、同规格的现场检验连续 10 个验收批抽样试件抗拉强度试验一次合格率为 100％时，验收批接头数量可扩大为 1000 个；当验收批接头数量少于 200 个时，可在工程结构中随机截取 2 个接头试件做极限抗拉强度试验，当 2 个试件的极限强度均满足表 8-21 的强度要求时，该验收批应评为合格。当有 1 个试件的极限抗拉强度不满足要求，应再取 4 个试件进行复检，复检中仍有 1 个试件极限强度不满足要求时，该验收批应评为不合格。

（4）对抽检不合格的接头验收批，应由工程有关各方研究后提出处理方案。

第九章 墙体材料

第一节 概 述

根据砖和砌块的生产方式、主要原料以及外形特征，砖和砌块可分以下几种：

一、烧结普通砖（GB 5101—2017）

烧结普通砖是以黏土、页岩、煤矸石、粉煤灰为主要原料经焙烧而成的普通砖。按主要原料分为黏土砖（N）、页岩砖（Y）、煤矸石砖（M）和粉煤灰砖（F）。

公称尺寸为：长度240mm，宽度115mm，高度53mm。

根据抗压强度分为MU30、MU25、MU20、MU15、MU10五个强度等级。

二、烧结多孔砖和多孔砌块（GB 13544—2011）

烧结多孔砖和多孔砌块是以黏土、页岩、煤矸石、粉煤灰、淤泥（江河湖淤泥）及其他固体废弃物为主要原料，经焙烧而成的主要用于建筑物承重部位的多孔砖和多孔砌块。外形一般为直角六面体，在与砂浆的接合面上应设有增加结合力的粉刷槽和砌筑砂浆槽，并符合下列要求：

粉刷槽：混水墙用砖和砌块，应在条面和顶面上设有均匀分布的粉刷槽或类似结构，深度不小于2mm。

砌筑砂浆槽：砌块至少应在一个条面或顶面上设立砌筑砂浆槽。两个条面或顶面都有砌筑砂浆槽时，砌筑砂浆槽深应大于15mm且小于25mm；只有一个条面或顶面有砌筑砂浆槽时，砌筑砂浆槽深应大于30mm且小于40mm。砌筑砂浆槽宽应超过砂浆槽所在砌块面宽度的50%。

砖和砌块的长度、宽度、高度尺寸应符合下列要求：

砖规格尺寸（mm）：290、240、190、180、140、115、90。

砌块规格尺寸（mm）：490、440、390、340、290、240、190、190、140、115、90。

根据抗压强度分为MU30、MU25、MU20、MU15、MU10五个强度等级。

砖的密度等级分为1000、1100、1200、1300四个等级。

砌块的密度等级分为900、1000、1100、1200四个等级。

三、烧结空心砖和空心砌块（GB/T 13545—2014）

烧结空心砖和空心砌块是以黏土、页岩、煤矸石、粉煤灰、淤泥（江河湖等淤泥）、建筑渣土及其他固体废弃物为主要原料，经焙烧而成的主要用于建筑物非承重部位的空心砖和空心砌块。

外形为直角六面体，如图 9-1 所示。

空心砖和空心砌块的长度、宽度、高度尺寸应符合下列要求：

长度规格尺寸（mm）：390、290、240、190、180（175）、140。

宽度规格尺寸（mm）：190、180（175）、140、115。

高度规格尺寸（mm）：180（175）、140、115、90。

注：其他规格尺寸由供需双方协商确定。

抗压强度分为 MU10.0、MU7.5、MU5.0、MU3.5。体积密度分为 800 级、900 级、1000 级和 1100 级。

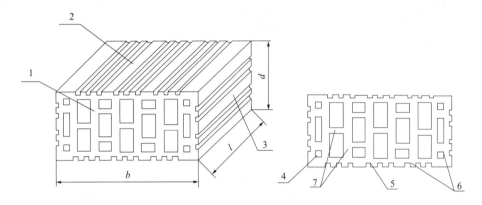

图 9-1　烧结空心砖外形

1—长度；2—大面；3—条面；4—壁孔；5—粉刷槽；6—外壁；7—肋

b—宽度；d—高度；l—顶面

四、混凝土实心砖（GB/T 21144—2007）

混凝土实心砖是以水泥、骨料，以及根据需要加入的掺合料、外加剂等，经加水搅拌、成型、养护制成的。

砖主要规格尺寸为：240mm×115mm×53mm。其他规格由供需双方协商确定。

密度等级：按混凝土自身的密度分为 A 级（≥2100kg/m³）、B 级（1681～2099 kg/m³）和 C 级（≤1680kg/m³）三个密度等级。

强度等级：砖的抗压强度分为 MU40、MU35、MU30、MU25、MU20、MU15 六个等级。

五、承重混凝土多孔砖（GB 25779—2010）

以水泥、砂、石等为主要原材料，经配料、搅拌、成型、养护制成，用于承重结构的多排孔混凝土砖。

混凝土多孔砖的外形为直角六面体，常用砖型的规格尺寸为：长度 360mm、290mm、240mm、190mm、140mm，宽度 240mm、190mm、115mm、90mm，高度 115mm、90mm。其他规格尺寸由供需双方协商确定。

按抗压强度分为 MU15、MU20、MU25 三个等级。

六、非承重混凝土空心砖（GB/T 24492—2009）

以水泥、集料为主要原料，可掺入外加剂及其他材料，经配料、搅拌、成型、养护制成的空心率不小于 25%，用于非承重结构部位的砖。

按抗压强度分为 MU5、MU7.5、MU10 三个强度等级。

按表观密度分为 1400、1200、1100、1000、900、800、700、600 八个密度等级。

七、蒸压粉煤灰砖（JC/T 239—2014）

蒸压粉煤灰砖是以粉煤灰、石灰为主要原料，可掺加适量石膏等外加剂和其他集料，经坯料制备、压制成型、高压蒸汽养护而制成的砖。

公称尺寸为：长度 240mm，宽度 115mm，高度 53mm。其他规格尺寸由供需双方协商后确定。

按强度分为 MU10、MU15、MU20、MU25、MU30 五个等级。

八、蒸压加气混凝土砌块（GB 11968—2006）

砌块的规格尺寸为：长度 600mm，宽度 100mm、120mm、125mm、150mm、180mm、200mm、240mm、250mm、300mm，高度 200mm、240mm、250mm、300mm。

强度级别分为 A1.0、A2.0、A2.5、A3.5、A5.0、A7.5、A10 七个级别。

干密度级别分为 B03、B04、B05、B06、B07、B08 六个级别。

砌块按尺寸偏差与外观质量、干密度、抗压强度和抗冻性分为优等品（A）、合格品（B）两个等级。

九、轻集料混凝土小型空心砌块（GB/T 15229—2011）

用轻集料混凝土制成的小型空心砌块主规格尺寸：长×宽×高为 390mm×190mm×190mm。其他规格尺寸可由供需双方商定。

砌块密度等级分为八级：700、800、900、1000、1100、1200、1300、1400。除自燃煤矸石掺量不小于砌块质量 35% 的砌块外，其他砌块的最大密度等级为 1200。

砌块强度等级分为五级：MU2.5、MU3.5、MU5.0、MU7.5、MU10.0。

第二节　取样要求

一、取样要求

《砌体结构工程施工质量验收规范》（GB 50203—2011）中关于墙体材料验收要求如下：

（1）砌体结构工程检验批的划分应同时符合下列规定：

1）所用材料类型及同类型材料的强度等级相同。

2）不超过 250m³ 砌体。

3）主体结构砌体一个楼层（基础砌体可按一个楼层计）；填充墙砌体量少时可多个楼

层合并。

（2）砖砌体工程

砖的强度等级必须符合设计要求。

抽检数量：每一生产厂家，烧结普通砖、混凝土实心砖每15万块，烧结多孔砖、混凝土多孔砖、蒸压灰砂砖及蒸压粉煤灰砖每10万块各为一验收批，不足上述数量时按1批计，抽检数量为1组。

（3）混凝土小型空心砌块砌体工程

小砌块和芯柱混凝土、砌筑砂浆的强度等级必须符合设计要求。

抽检数量：每一生产厂家，每1万块小砌块为一验收批，不足1万块按一批计，抽检数量为1组；用于多层以上建筑的基础和底层的小砌块抽检数量不应少于2组。砂浆试块的抽检数量应执行《砌体结构工程施工质量验收规范》第4.0.12条的有关规定。

抽检方法：检查小砌块和芯柱混凝土、砌筑砂浆试块试验报告。

（4）填充墙砌体工程

烧结空心砖、小砌块和砌筑砂浆的强度等级应符合设计要求。

抽检数量：烧结空心砖每10万块为一验收批，小砌块每1万块为一验收批，不足上述数量时按一批计，抽检数量为1组。

检验方法：查砖、小砌块进场复验报告和砂浆试块试验报告。

二、取样数量

外观质量检验的试样采用随机抽样法，在每一检验批的产品堆垛中抽取。其他检验项目的样品用随机抽样法从外观质量合格的样品中抽取。

1. 烧结普通砖

烧结普通砖对应项目抽样数量按表9-1进行。

烧结普通砖抽样数量

表 9-1

序 号	检 验 项 目	抽样数量
1	外观质量	50（$n_1 = n_2 = 50$）
2	欠火砖、酥砖、螺旋纹砖	50
3	尺寸偏差	20
4	强度等级	10
5	泛霜	5
6	石灰爆裂	5
7	吸水率和饱和系数	5
8	冻融	5
9	放射性	2

2. 烧结多孔砖和多孔砌块

烧结多孔砖和多孔砌块对应项目抽样数量按表 9-2 进行。

烧结多孔砖和多孔砌块抽样数量　　　　　　　　　　　　表 9-2

序　号	检 验 项 目	抽样数量（块）
1	外观质量	50（$n_1 = n_2 = 50$）
2	尺寸允许偏差	20
3	密度等级	3
4	强度等级	10
5	孔型、孔结构及孔洞率	3
6	泛霜	5
7	石灰爆裂	5
8	抗风化性能	5
9	冻融	5
10	放射性核素限量	3

3. 烧结空心砖和空心砌块

烧结空心砖和空心砌块对应项目抽样数量按表 9-3 进行。

烧结空心砖和空心砌块抽样数量　　　　　　　　　　　　表 9-3

序　号	检 验 项 目	抽样数量（块）
1	外观质量	50（$n_1 = n_2 = 50$）
2	尺寸允许偏差	20
3	密度等级	5
4	强度等级	10
5	孔洞排列及其结构	5
6	泛霜	5
7	石灰爆裂	5
8	抗风化性能	5
9	冻融	5
10	放射性核素限量	3

4. 承重混凝土多孔砖

承重混凝土多孔砖对应项目抽样数量按表 9-4 进行。

承重混凝土多孔砖抽样数量　　　　　　　　　　表 9-4

序 号	检验项目	样品数量（块）	
		高宽比（H/B）≥0.6	高宽比（H/B）<0.6
1	外观质量	50（$n_1=n_2=50$）	50（$n_1=n_2=50$）
2	尺寸允许偏差	50（$n_1=n_2=50$）	50（$n_1=n_2=50$）
3	孔洞率	3	3
4	最小外壁和最小肋厚	3	3
5	强度等级	5	10
6	最大吸水率和相对含水率	3	3
7	线性干燥收缩率	3	3
8	抗冻性	10	20
9	碳化系数	12	22
10	软化系数	10	20
11	放射性	3	3

5. 非承重混凝土多孔砖

非承重混凝土多孔砖对应项目抽样数量按表 9-5 进行。

非承重混凝土多孔砖抽样数量　　　　　　　　　　表 9-5

序 号	检验项目	样品数量（块）	
		高宽比（H/B）≥0.6	高宽比（H/B）<0.6
1	外观质量	50（$n_1=n_2=50$）	50（$n_1=n_2=50$）
2	尺寸允许偏差	50（$n_1=n_2=50$）	50（$n_1=n_2=50$）
3	壁厚、肋厚	5	5
4	空心率	3	3
5	密度等级	5	5
6	强度等级	5	10
7	相对含水率	3	3
8	线性干燥收缩率	3	3
9	抗冻性	10	20
10	碳化系数	12	22
11	软化系数	10	20
12	放射性	不少于 6kg	不少于 6kg

6. 混凝土实心砖

混凝土实心砖对应项目抽样数量按表 9-6 进行。

混凝土实心砖抽样数量　　　　　　　表 9-6

序 号	检 验 项 目	抽样数量（块）
1	外观质量	50（$n_1=n_2=50$）
2	尺寸偏差	50（$n_1=n_2=50$）
3	密度等级	5
4	强度等级	10
5	干燥收缩率	3
6	相对含水率	3
7	最大吸水率	3
8	抗冻性能	10 块
9	碳化系数	10 块
10	软化系数	10 块

7. 蒸压粉煤灰砖

蒸压粉煤灰砖对应项目抽样数量按表 9-7 进行。

蒸压粉煤灰砖抽样数量　　　　　　　表 9-7

序 号	检 验 项 目	抽样数量（块）
1	外观质量和尺寸偏差	100（$n_1=n_2=50$）
2	强度等级	20
3	吸水率	3
4	线性干燥收缩值	3
5	抗冻性	20
6	碳化系数	25
7	放射性核素限量	3

8. 蒸压加气混凝土砌块

同品种、同规格、同等级的砌块，以 1 万块为一批，不足 1 万块亦为一批。随机抽取 50 块砌块，进行尺寸偏差和外观检验。从尺寸偏差和外观检验合格的砌块中，随机抽取 6 块砌块制作（采用机割或刀锯，在制品发气方向上以上、中、下的顺序锯取每组试件）试件，进行如下项目检验：

（1）干密度：3 组 9 块（试件尺寸：$100mm \times 100mm \times 100mm$）。

（2）强度级别：3 组 9 块（试件尺寸：$100mm \times 100mm \times 100mm$）。

9. 轻集料混凝土小型空心砌块

砌块按密度等级和强度等级分批验收。以同一品种轻集料和水泥按同一生产工艺制成的相同密度等级和强度等级的 300m³ 砌块为一批；不足 300m³ 者亦按一批计。

出厂检验时，每批随机抽取 32 块做尺寸偏差和外观质量检验；再从尺寸偏差和外观质量检验合格的砌块中，随机抽取如下数量进行以下项目的检验：

（1）强度：5 块。

（2）密度、吸水率和相对含水率：3 块。

第三节 结果判定及处理

一、烧结普通砖

根据《烧结普通砖》（GB 5101—2017），对照表 9-8 的规定，判定烧结普通砖的强度等级，低于 MU10 判为不合格。

烧结普通砖强度等级（MPa）　　　　　　　　　　　　　　表 9-8

强度等级	抗压强度平均值 $f \geqslant$	变异系数 $\delta \leqslant 0.21$	变异系数 $\delta > 0.21$
		强度标准值 $f_k \geqslant$	单块最小抗压强度值 $f_{min} \geqslant$
MU30	30.0	22.0	25.0
MU25	25.0	18.0	22.0
MU20	20.0	14.0	16.0
MU15	15.0	10.0	12.0
MU10	10.0	6.5	7.5

二、烧结多孔砖和多孔砌块

根据《烧结多孔砖和多孔砌块》（GB 13544—2011），对照表 9-9、表 9-10 的规定，判定烧结多孔砖和多孔砌块的密度等级和强度等级。

烧结多孔砖和多孔砌块密度等级（kg/m³）　　　　　　　表 9-9

密度等级		3 块砖或砌块干燥表观密度平均值
砖	砌块	
—	900	≤900
1000	1000	900~1000
1100	1100	1000~1100
1200	1200	1100~1200
1300	—	1200~1300

烧结多孔砖和多孔砌块强度等级（MPa）　　　　表 9-10

强 度 等 级	抗压强度平均值 $f \geqslant$	抗压强度标准值 $f_k \geqslant$
MU30	30.0	22.0
MU25	25.0	18.0
MU20	20.0	14.0
MU15	15.0	10.0
MU10	10.0	6.5

三、烧结空心砖和空心砌块

根据《烧结空心砖和空心砌块》（GB/T 13545—2014），对照表 9-11 和表 9-12 的规定，判定烧结空心砖和空心砌块的强度等级和密度等级，强度和密度的试验结果应分别符合表 9-11、表 9-12 的规定，否则，判为不合格。

烧结空心砖和空心砌块强度等级　　　　表 9-11

强度等级	抗压强度（MPa）		
	抗压强度平均值 $f \geqslant$	变异系数 $\delta \leqslant 0.21$	变异系数 $\delta > 0.21$
		强度标准值 $f_k \geqslant$	单块最小抗压强度值 $f_{min} \geqslant$
MU10.0	10.0	7.0	8.0
MU7.5	7.5	5.0	5.8
MU5.0	5.0	3.5	4.0
MU3.5	3.5	2.5	2.8

烧结空心砖和空心砌块密度等级　　　　表 9-12

密 度 等 级	5块体积密度平均值（kg/m³）
800	≤800
900	801～900
1000	901～1000
1100	1001～1100

四、混凝土实心砖

根据《混凝土实心砖》（GB/T 21144—2007），对照表 9-13、表 9-14 分别判定砖的密度、强度等级。

混凝土实心砖密度等级（kg/m³） 表 9-13

密 度 等 级	3 块平均值
A 级	≥2100
B 级	1681～2099
C 级	≤1680

混凝土实心砖抗压强度（MPa） 表 9-14

强 度 等 级	抗压强度	
	平均值≥	单块最小值≥
MU40	40.0	35.0
MU35	35.0	30.0
MU30	30.0	26.0
MU25	25.0	21.0
MU20	20.0	16.0
MU15	15.0	12.0

密度等级为 B 级和 C 级的砖，其强度等级应不小于 MU15；密度等级为 A 级的砖，其强度等级应不小于 MU20。

五、混凝土多孔砖

根据《承重混凝土多孔砖》（GB 25779—2010），对照表 9-15，判定混凝土多孔砖的强度等级。

混凝土多孔砖强度等级 表 9-15

强 度 等 级	抗压强度（MPa）	
	平均值不小于	单块最小值不小于
MU15	15.0	12.0
MU20	20.0	16.0
MU25	25.0	20.0

六、非承重混凝土空心砖

根据《非承重混凝土空心砖》（GB/T 24492—2009），对照表 9-16、表 9-17 判定非承重混凝土多孔砖的强度等级。

非承重混凝土空心砖密度等级（kg/m³）　　表 9-16

密 度 等 级	表观密度范围
1400	1210～1400
1200	1110～1200
1100	1010～1100
1000	910～1000
900	810～800
800	710～1400
700	610～700
600	≤600

非承重混凝土空心砖强度等级　　表 9-17

强 度 等 级	密度等级范围	抗压强度（MPa）	
		平均值，不小于	单块最小值，不小于
MU5	≤900	5.0	4.0
MU7.5	≤1100	7.5	6.0
MU10	≤1400	10.0	8.0

七、粉煤灰砖

根据《蒸压粉煤灰砖》（JC/T 239—2014），对照表 9-18 的规定，判定粉煤灰砖的强度等级，强度等级符合表 9-18 相应规定时判为合格，且确定相应等级，否则判为不合格。

蒸压粉煤灰砖力学性能　　表 9-18

强 度 等 级	抗压强度（MPa）		抗折强度（MPa）	
	平均值	单块最小值	平均值	单块最小值
U10	≥10.0	≥8.0	≥2.5	≥2.0
MU15	≥15.0	≥12.0	≥3.7	≥3.0
MU20	≥20.0	≥16.0	≥4.0	≥3.2
MU25	≥25.0	≥20.0	≥4.5	≥3.6
MU30	≥30.0	≥24.0	≥4.8	≥3.8

八、蒸压加气混凝土砌块

砌块的抗压强度、干密度、强度级别应分别符合表 9-19～表 9-21 的规定。

砌块的立方体抗压强度表 表 9-19

强度等级	立方体抗压强度（MPa）	
	平均值不小于	单组最小值不小于
A1.0	1.0	0.8
A2.0	2.0	1.6
A2.5	2.5	2.0
A3.5	3.5	2.8
A5.0	5.0	4.0
A7.5	7.5	6.0
A10.0	10.0	8.0

砌块的干密度 表 9-20

干密度级别		B03	B04	B05	B06	B07	B08
干密度（kg/m³）	优等品（A）≤	300	400	500	600	700	800
	合格品（B）≤	325	425	525	625	725	825

砌块的强度级别表 表 9-21

干密度级别		B03	B04	B05	B06	B07	B08
强度级别	优等品（A）	A1.0	A2.0	A3.5	A5.0	A7.5	A10.0
	合格品（B）			A2.5	A3.5	A5.0	A7.5

以 3 组干密度试件的测定结果平均值判定砌块的干密度级别，符合表 9-20 规定时则判定该批砌块合格。以 3 组抗压强度试件测定结果按表 9-19 判定其强度的级别，当强度和干密度级别关系符合表 9-21 的规定，同时，3 组试件中各个单组抗压强度平均值全部大于表 9-21 规定的此强度级别的最小值时，判定该批砌块符合相应等级，若有 1 组或 1 组以上此强度级别的最小值时，判定该批砌块不符合相应等级。

九、处理意见

墙体材料见证取样送检合格后方可使用，若检验不合格，应退货或做降级使用处理。

第十章　简　易　土　工

第一节　概　述

土作为常用基础回填材料，在建筑工程中被广泛应用。

土是天然岩石风化的产物（火山灰除外）。

土的性质受密度、湿度、粒度及孔隙中水的化学成分等多种因素影响。

地基土（层）与建筑物共同工作时，其力学性能与状态又会因受力情况、应力状态、加载速率和排水条件不同，而变得更为复杂。

从工程观点来讲，根据土粒之间有无联结性，土可分为两大类：砂性土（砂和砾石）和黏性土。

一、土的组成

土一般由固相（土颗粒）、液相（水）和气相（空气）三部分组成（图 10-1）。三相比例不同，则反映出土的物理状态也不尽相同，如反映出土的干湿程度：干燥、稍湿及很湿；土的疏密状态：松散、稍密和密实。这些最基本的物理性质指标，对评价土的工程性质和进行土的工程分类具有重要意义。

二、土的基本物理性质指标及换算

1. 密度（ρ）

单位体积土的质量，又称质量密度（g/cm^3）。

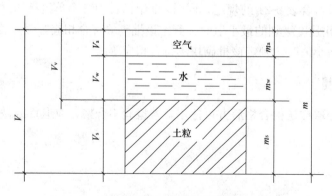

图 10-1　土的三相示意图

表达式：$\rho = m/V$，换算公式：$\rho = \rho_d (1+w)$。

天然状态下土的密度，一般为 $1.6 \sim 2.0 g/cm^3$，由试验方法（一般用环刀法）直接测定。

2. 干密度（ρ_d）

土的单位体积内颗粒的质量（g/cm³）。

表达式：$\rho_d = m_d / V$，换算公式：$\rho_d = \rho / (1 + \omega)$。

一般土的干密度为 1.3～1.8g/cm³，由试验方法测定后计算求得。

3. 含水量（ω）

土中水的质量与颗粒质量之比（％）。

表达式：$\omega = (m_w / m_d) \times 100$，换算公式：$\omega = (S_y \cdot e / d_s) \times 100$。

土的含水量一般为 20％～60％，由试验方法（烘干法）测定。

三、黏性土的可塑性指标

1. 塑限（ω_p）

土由固态变为塑性状态时的分界含水量（％）。

由试验室直接测定，通常用"搓条法"测定。

2. 液限（ω_L）

土由塑态变到流动状态时的分界含水量（％）。

由试验室直接测定，通常用锥式液限仪来测定。

3. 塑性指标（I_p）

液限与塑限之差。由计算求得，计算式：$I_p = \omega_L - \omega_p$，是进行黏土分类的重要指标。

4. 液性指标（I_L）

土的天然含水量与液限的比值。由计算求得，计算式：$I_L = (\omega - \omega_L) / I_p$，是判别黏性土软硬程度的指标。

5. 含水比（α）

土的天然含水量与液限的比值。由计算求得，计算式：$\alpha = \omega / \omega_L$。塑限现场简易测定方法：在样土中逐渐加水至能用手在毛玻璃平面上搓成土条，当土条到直径 3mm 时恰好断裂，此时土条含水量即为塑限。

四、砂土的密实度指标

1. 最大干密度（ρ_{dmax}）

土在最紧密状态下的干质量（g/cm³）。用击实法试验测定。

2. 最小干密度（ρ_{min}）

土在最松散状态下的干质量（g/cm³）。用注入法、量筒法试验测定。

第二节 取样方法

一、取样数量

依据《建筑地基处理技术规范》（JGJ 79—2012）取样。

回填土的压实程度可用压实系数表示。压实系数可采用环刀法、灌砂法、灌水法或其他方法检验。

（1）采用环刀法检验地层的施工质量时，取样点应位于每层厚度的 2/3 深度处。检验点数量，条形基础下垫层每 10～20m 不应少于 1 个点，独立柱基、单个基础下垫层不应少于 1 个点，其他基础下垫层每 50～100m² 不应少于 1 个点。

（2）灌砂或灌水法的所取数量可较环刀法适当减少。

二、取样须知

（1）采取的土样应具有一定的代表性，取样量应能满足试验的需要。

（2）鉴于基础回填材料基本上是扰动土，在按设计要求及所定的测点处，每层应按要求夯实，采用环刀取样时，应注意以下事项：

1）现场取样必须是在见证人监督下，由取样人员按要求在测点处取样，而取样、见证人员则必须通过资格考核。

2）取样时应使环刀在测点处垂直向下，并应在夯实层 2/3 处取样。

3）取样时应注意避免使土样受到外力作用，环刀内应充满土样。

4）尽管使土样受最低程度的扰动，并使土样保持天然含水量。

5）如果遇到原状土测试情况，除土样尽可能免受扰动外，还应注意保持土样的原状结构及其天然湿度。

三、土样存放及运送

在现场取样后，原则上应及时将土样运送到试验室。土样存放及运送中，还须注意以下事项：

1. 土样存放

（1）将现场采取的土样，立即放入密封的土样盒或密封的土样筒内，同时贴上相应的标签。

（2）如无密封的土样盒和密封的土样筒时，可将取得的土样，用砂布包裹，并用蜡融封密实。

（3）密封土样宜放在室内常温处，使其避免日晒、雨淋及冻融等有害因素的影响。

2. 土样运送

关键问题是使土样在运送过程中少受振动。

四、送样要求

为确保基础回填的公正性、可靠性和科学性，有关人员应认真、准确地填写好土样试验的送样单、现场取样记录及土样标签等有关内容。

1. 土工试验送样单

（1）在见证人员陪同下，送样人应准确填写下述内容：

委托单位、工程名称、试验项目、设计要求、现场土样的鉴别名称、夯实方法、测点标高、测点编号、取样日期、取样地点、填单日期、取样人、送样人、见证人以及联系电话等，同时还应附上测点平面图。

（2）送样单一式两份，施工单位一份，试验室一份。

2. 现场取样记录

（1）测点标高、部位及相对应的取样日期；

（2）取样人、见证人。

3. 土样标签

（1）标签纸应该选用韧质纸为佳。

（2）土样标签编号应与送样单编号一致。

第三节 结果判定与处理

一、土的工程分类判定

若土样试验只要求进行工程分类评判时，应按现行国家标准《土的工程分类标准》（GB/T 50145—2007）中有关规定判定。

二、换填法垫层质量检验与评判

按《建筑地基处理技术规范》（JGJ 79—2012）规定。

（1）对素土、灰土和砂垫层，可用贯入仪检验其质量；对砂垫层也可用钢筋贯入法检验，但均应通过现场试验以控制压实系数所对应的贯入度（值）为合格标准。压实系数检验，可用环刀法或其他方法通过现场取样试验后获取。

（2）垫层质量检验：必须分层进行检验，每夯（压、振）实完一层，应及时检验该层的平均压实系数，当压实系数符合设计要求后，才能铺填上层。

（3）当采用环刀法取样时，环刀取样点应位于每层的 2/3（中间）深度处，而环刀应与水平面成垂直向下压入垫层内取样。

（4）采用贯入仪或钢筋贯入法检验垫层质量时，检验点间距应不大于 4m。

（5）当取土样检验垫层质量时，大（面积）基坑每 50～100m² 应不少于 1 个检验点；基槽每 10～20m 应不少于 1 个检验点；每个单独柱基应不少于 1 个检验点。

（6）重锤夯实地基质量检验：除按试夯要求检查施工记录外，总夯沉量应不小于试夯总夯沉量的 90%。

三、填土工程的质量检测与评判

填方和柱基、基坑、管沟回填，必须按规定分层夯压密实。取样测定压实以后的干土质量密度，其合格率不应小于 90%，不合格干土质量密度的最低值与设计值的差不应大于 0.08g/cm³，且不应集中。填土工程的质量检测与评判可采用下列几种方法：

1. 用环刀取样测定其干重度

测出的干重度应符合设计要求和上述规定，当设计无规定时，各类黏土的最小干重度值（r_{dmin}），可参考表 10-1 采用。

2. 用压实系数（λ_c）来鉴定黏性类填土地基质量

压实系数为土的控制（实际）干土密度（ρ_d）与最大干土密度（ρ_{dmax}）的比值。最大干土密度（ρ_{dmax}）是当最优含水量时，通过标准击实方法确定的。而密实度要求一般由设计单位根据工程结构性质、使用要求及土的性质确定的，如果未作规定可参考表 10-2 数值采用。

黏土类最小干重度值参考（kN/m³）　　　　　　　　　表 10-1

黏 土 类 别	最小干重度（r_{dmin}）
砂质黏土	15.5
粉质黏土	15.0
黏土	14.5

各种垫层的压实标准　　　　　　　　　表 10-2

施 工 方 法	换填材料类别	压实系数（λ_c）
碾压、振密或夯实	碎石、卵石	0.94～0.97
	砂夹石（其中碎石、卵石占全重的 30%～50%）	
	土夹石（其中碎石、卵石占全重的 30%～50%）	
	中砂、粗砂、砾砂、角砾、圆砾、石屑	
	粉质黏土	
	灰土	0.95
	粉煤灰	0.90～0.95

注：1. $\lambda_c = \rho_d / \rho_{dmax}$。

2. 控制含水量为 $\omega_{op} \pm 2$（%）；

3. 压实填土地基即用经分层压（夯）实的填土层作为地基。

压实填土的最大干密度 ρ_{dmax}（g/cm³）宜用击实试验确定。当无试验资料时，可按下式计算：

$$\rho_{dmax} = \eta \cdot \rho_w \cdot d_s / (1 + 0.01\omega_{op} d_s)$$

式中　　η——经验系数，黏土取 0.95，粉质黏土取 0.96，粉土取 0.97；

ρ_w——水的密度（g/cm³）；

d_s——土粒相对密度；

ω_{op}——最优含水量（%）（以小数计），可按当地经验或取 $\omega_p + 2$（ω_p 为土的塑限），或参考表 10-3 取用。

土的最优含水量和最大干密度参考　　　　　　　　　表 10-3

填土类名称	最优含水量 ω_{op}（%）（重量比）	最大干密度 ρ_{dmax}（g/cm³）
砂土	8～12	1.80～1.88
黏土	19～23	1.58～1.70
粉质黏土	12～15	1.85～1.95
粉土	16～22	1.61～1.80

3. 用填土地基的承载力进行确定评判

填土地基（垫层）的承载力与填料性质、施工机具和施工方法有关，宜通过现场原位测定方法来确定（即采用圆锥动触探或标准贯入试验来确定）。各种垫层的承载力见表10-4。

各种垫层的承载力 表 10-4

施工方法	换填材料类别	压实系数（λ_c）	承载力标准值 f_k（kPa）
碾压或振密	碎石、卵石	0.94～0.97	200～300
	砂夹石（其中碎石、卵石占全重的30%～50%）		200～250
	土夹石（其中碎石、卵石占全重的30%～50%）		150～200
	中砂、粗砂、砾砂		150～200
	灰土	0.93～0.95	200～250
重锤夯实	土或灰土	0.93～0.95	150～200

四、填土质量的控制要求和处理程序

1. 填土密实度

一般应以设计规定的控制干密度（ρ_d）作为检查标准。

2. 当控制干密度设计无规定时

应从现场的回填土（扰动土）中采取土样15kg（轻型击实试验用）或30kg（重型击实试验用），在现场或试验室进行击实试验。

击实试验按《土工试验方法标准》（GB/T 50123—1999）中规定进行，并按规定计算出试验的最大干密度（ρ_d）和最优含水量（ω_{op}）。

3. 对填土实际干密度的取样测定

一般是用环刀法按规定进行取样测定。

4. 填土的实际干密度应不小于 ρ_d（或设计规定的控制干密度）

当实测填土的实际干密度小于 ρ_d（或设计规定的控制干密度）时，则该填土密实度判为不合格，但应及时查明原因后，采取有效的技术措施进行处理，然后，再对处理好的填土重新进行干密度检测，直到判为合格为止。

5. 一般处理技术措施

（1）填土没达到最优含水量时：

当检测填土的实际含水量没达到该填土土类的最优水量时，可事先向松散的填土均匀洒适量水，使其含水量接近最优含水量后，再加振、压、夯实后，重新用环刀法取样，检测新的实际干密度，务使实际干密度不小于 ρ_d。

（2）当填土含水量超过该填料最优含水量时：

尤其是用黏性土回填，当含水量超过最优含水量，在进行振、压、夯实时，易形成

"橡皮土"，这就需要采取如下技术措施处理后，还必须使该填料的实际干密度不小于 ρ_d。

1）开槽晾干。

2）均匀地向松散填土内掺入同类干性黏土或刚化开的熟石灰粉。

3）当工程量不大，而且已夯压成"橡皮土"，则可采取"换填法"，即挖去已形成的"橡皮土"后，填入新的符合填土要求的填料。

（3）对黏性土填土的密实措施中，绝不允许采用灌水法。

因黏性土水浸后，其含水量超过黏性土的最优含水量，在进行压、夯实时，易形成"橡皮土"。

6. 换填法用砂（或砂石）垫层分层回填时

（1）每层施工中，应按规定用环刀现场取样，并检测和计算出测试点砂样的实际干密度。

（2）当实际干密度未达到设计要求或事先由试验室按现场砂样测算出的控制干密度（ρ_d）值时，应及时通知现场；在该取样处所属的范围进行重新振、压、夯实；当含水量不够时（即没达到最优含水量），应均匀地洒水后再进行振、压、夯实。

（3）经再次振、压、夯实后，还须在该处范围内重新用环刀取样检测，务使新检测的实际干密度达到规定要求。

第十一章 防 水 材 料

第一节 概 述

防水材料的品种较多，但按其形状可分成三大类：防水卷材、防水涂料和建筑密封材料。

一、防水卷材

防水卷材分沥青基防水卷材和合成高分子防水卷材两种。

1. 沥青基防水卷材

沥青基防水卷材有石油沥青纸胎油毡、氧化沥青纸胎油毡。

石油沥青纸胎油毡是以石油沥青浸渍原纸，再涂盖其两面，表面涂或撒隔离材料所制成的卷材。铺贴石油沥青纸胎油毡要用建筑石油沥青胶，也可使用普通石油沥青胶；或者使用普通石油沥青（高蜡沥青），也可使用以普通石油沥青为主要成分的纯沥青。纯沥青和沥青胶（沥青玛琋脂）统称沥青胶结材料。

高聚物改性沥青卷材有塑性体改性沥青防水卷材、弹性体改性沥青防水卷材、自粘聚合物改性沥青防水卷材。

塑性体改性沥青防水卷材适用于以聚酯毡、玻纤毡、玻纤增强聚酯毡为胎基，以无规聚丙烯（APP）或聚烯烃类聚合物（APAO、APO 等）作石油沥青改性剂，两面覆以隔离材料所制成的防水卷材。

弹性体沥青防水卷材是以聚酯毡、玻纤毡、玻纤增强酯毡为胎基，以苯乙烯-丁二烯-苯乙烯（SBS）热塑性弹性体作石油沥青改性剂，两面覆以隔离材料所制成的防水卷材。

自粘聚合物改性沥青防水卷材是以自粘聚合物改性沥青为基料，非外露使用的无胎基或聚酯胎基增强的本体自粘防水卷材。

2. 合成高分子防水卷材

合成橡胶系硫化型的，有三元乙丙橡胶卷材、氯磺化聚乙烯卷材、氯化聚乙烯－橡胶共混卷材。三元乙丙橡胶是以三元乙丙橡胶为主、无织物增强硫化橡胶的防水卷材；氯化聚乙烯－橡胶共混卷材是以氯化聚乙烯树脂和橡胶（天然橡胶或合成橡胶）共混、无织物增强硫化型的防水卷材。

合成橡胶系非硫化型的，有丁基橡胶卷材、氯丁橡胶卷材。

合成树脂系有聚氯乙烯卷材、氯化聚乙烯卷材。

聚氯乙烯（简称 PVC）防水卷材是以聚氯乙烯树脂为主要原料，并加以适量的添加物制造的防水卷材。PVC 防水卷材根据其基料的组成及其特性可分为：

匀质的聚氯乙烯防水卷材（代号 H）、带纤维背衬的聚氯乙烯防水卷材（代号为 L）、织物内增强的聚氯乙烯防水卷材（代号为 P）、玻璃纤维内增强的聚氯乙烯防水卷材（代号为 G）、玻璃纤维内增强带纤维背衬的聚氯乙烯防水卷材（代号为 GL）。

氯化聚乙烯防水卷材是以氯化聚乙烯树脂为主要原料，并加入适量的添加物制成的防水卷材。

二、防水涂料

防水涂料主要有四种类型：乳液型、溶剂型、反应型、水泥类—聚合物型。

1. 乳液型

它是经液状高分子材料中的水分蒸发而成膜的单组分涂料，如氯丁胶乳沥青、丁苯胶乳沥青、石棉乳化沥青、水性 PVC 改性煤焦沥青等。

水性沥青基防水涂料是以乳化沥青为基料掺入各种改性材料的水乳型防水涂料，AE-1类为厚质的防水涂料，AE-2 类为薄质的防水涂料。

AE-1 类水性沥青基厚质防水涂料是用矿物胶体乳化剂配制成的乳化沥青为基料，含有石棉纤维或其他无机矿物填料的防水材料。

AE-2 类水性沥青基薄质防水涂料是用化学乳化剂配制的乳化沥青为基料，掺有氯丁乳胶或再生胶乳的水分散体防水涂料。

2. 溶剂型

它是经液状高分子材料中溶剂的挥发而成膜的单组分涂料，如氯丁橡胶防水涂料、SBS 橡胶防水涂料等。

3. 反应型

有单组分、双组分。双组分是用液态高分子作为主剂进行反应而成膜固化的涂料。

聚氨酯防水涂料是一种以带有氰酸基的化合物为主要原料作为主剂和以交联剂、填料为主要原料的固化剂系统构成的双组分氨基甲酸酯橡胶系防水涂料。它是反应型的，有焦油聚氨酯和非焦油聚氨酯（彩色）两种。

4. 水泥类—聚合物型

聚合物是双剂型，如丙烯酸酯乳液和水泥（助剂填料）配制成聚合物水泥防水涂膜。用氯丁乳胶、EVA 乳液等配制的聚合物水泥防水涂膜。

三、止水密封材料

止水密封材料有不定型和定型两种。

1. 不定型密封材料

不定型密封材料有非弹性型，如油灰等油质嵌缝及沥青系嵌缝膏；弹性型如硅酮、聚氨酯、聚硫、丙烯酸系、丁苯橡胶系等。

（1）硅酮建筑密封膏是以聚硅氧烷为主要成分的单组分和双组分室温固化型的建筑密封材料。

（2）聚氨酯建筑密封膏是以聚氨基甲酸酯聚合物为主要成分的双组分反应固化型的建筑密封材料。

（3）聚硫建筑密封膏是以液态聚硫橡胶为基料的常温硫化双组分建筑密封膏。

（4）丙烯酸酯建筑密封膏是以丙烯酸酯乳液为基料的密封膏。

2. 定型密封材料

定型密封材料包括氯丁橡胶、丁基橡胶、硅酮橡胶等及相应制品如止水带、止水条。

3. 防水接缝材料

（1）聚氯乙烯建筑防水接缝材料是以聚氯乙烯为基料，加以适量的改性材料及其他添加剂配制而成的聚氯乙烯建筑防水接缝材料（简称PVC接缝材料）。

（2）其他用于屋面接缝密封材料如改性沥青密封材料。

第二节　取样方法

《地下防水工程质量验收规范》（GB 50208—2011）中地下工程用防水材料进场抽样检验要求应符合表11-1的规定。

地下工程用防水材料进场抽样检验　　　　　　　　　表 11-1

序　号	材 料 名 称	抽 样 数 量	物理性能检验
1	高聚物改性沥青类防水卷材	大于1000卷抽5卷，每500～1000卷抽4卷，100～499卷抽3卷，100卷以下抽2卷，进行规格尺寸和外观质量检验。在外观质量检验合格的卷材中，任取一卷做物理性能检验	可溶物含量、拉力、延伸率、低温柔度、热老化后低温柔度、不透水性
2	合成高分子类防水卷材	大于1000卷抽5卷，每500～1000卷抽4卷，100～499卷抽3卷，100卷以下抽2卷，进行规格尺寸和外观质量检验。在外观质量检验合格的卷材中，任取一卷做物理性能检验	断裂拉伸强度、断裂伸长率、低温弯折性、不透水性、撕裂强度
3	有机防水涂料	每5t为一批，不足5t按一批抽样	潮湿基面粘结强度、涂膜抗渗性、浸水168h后拉伸强度、浸水168h后断裂伸长率、耐水性
4	无机防水涂料	每10t为一批，不足10t按一批抽样	抗折强度、粘结强度、抗渗性
5	膨润土防水材料	每100卷为一批，不足100卷按一批抽样；100卷以下抽5卷，进行尺寸偏差和外观质量检验。在外观质量检验合格的卷材中，任取一卷做物理性能检验	单位面积质量、膨润土膨胀指数、渗透系数、滤失量
6	混凝土建筑接缝用密封胶	每2t为一批，不足2t按一批抽样	流动性、挤出性、定伸粘结性
7	橡胶止水带	每月同标记的止水带产量为一批抽样	拉伸强度、扯断伸长率、断裂强度
8	腻子型遇水膨胀止水条	每5000m为一批，不足5000m按一批抽样	硬度、7d膨胀率、最终膨胀率、耐水性

序　号	材料名称	抽样数量	物理性能检验
9	遇水膨胀止水胶	每5t为一批，不足5t按一批抽样	表干时间、拉伸强度、体积膨胀倍率
10	弹性橡胶密封垫材料	每月同标记的密封垫材料产量为一批抽样	硬度、伸长率、拉伸强度、压缩永久变形
11	遇水膨胀橡胶密封垫胶料	每月同标记的密封垫材料产量为一批抽样	硬度、拉伸强度、扯断伸长率、体积膨胀倍率、低温弯折
12	聚合物水泥防水砂浆	每10t为一批，不足10t按一批抽样	7d粘结强度、7d抗渗性、耐水性

《屋面工程质量验收规范》（GB 50207—2012）中关于屋面防水材料进场检验项目应符合表 11-2 的规定。

屋面防水材料进场检验项目　　　　　　　　　　表 11-2

序　号	防水材料名称	现场抽样数量	物理性能检验
1	高聚物改性沥青防水卷材	大于 1000 卷抽 5 卷，每 500～1000 卷抽 4 卷，100～499 卷抽 3 卷，100 卷以下抽 2 卷，进行规格尺寸和外观质量检验。在外观质量检验合格的卷材中，任取一卷做物理性能检验	可溶物含量、拉力、最大拉力时延伸率、耐热度、低温柔度、不透水性
2	合成高分子防水卷材	大于 1000 卷抽 5 卷，每 500～1000 卷抽 4 卷，100～499 卷抽 3 卷，100 卷以下抽 2 卷，进行规格尺寸和外观质量检验。在外观质量检验合格的卷材中，任取一卷做物理性能检验	断裂拉伸强度、扯断伸长率、低温弯折性、不透水性
3	高聚物改性沥青防水涂料	每10t为一批，不足10t按一批抽样	固体含量、耐热性、低温柔性、不透水性、断裂伸长率或抗裂性
4	合成高分子防水涂料		固体含量、拉伸强度、断裂伸长类、低温柔性、不透水性
5	聚合物水泥防水涂料		固体含量、拉伸强度、断裂伸长率、低温柔性、不透水性
6	胎体增强材料	每 3000m² 为一批，不足 3000m² 的按一批抽样	拉力、延伸率
7	沥青基防水卷材用基层处理剂	每5t产品为一批，不足5t的按一批抽样	固体含量、耐热性、低温柔性、剥离强度

续表

序 号	防水材料名称	现场抽样数量	物理性能检验
8	高分子胶粘剂		剥离强度、浸水 168h 后的剥离强度保持率
9	改性沥青胶粘剂		剥离强度
10	合成橡胶胶粘带	每 1000m 为一批，不足 1000m 的按一批抽样	剥离强度、浸水 168h 后的剥离强度保持率
11	改性石油沥青密封材料	每 1t 产品为一批，不足 1t 的按一批抽样	耐热性、低温柔性、拉伸粘结性、施工度
12	合成高分子密封材料		拉伸模量、断裂伸长率、定伸粘结性
13	烧结瓦、混凝土瓦		抗渗性、抗冻性、吸水率
14	玻纤胎沥青瓦	同一批至少抽一次	可溶物含量、拉力、耐热度、柔度、不透水性、叠层剥离强度
15	彩色涂层钢板及钢带	同牌号、同规格、同镀层重量、同涂层厚度、同涂料种类和颜色为一批	屈服强度、抗拉强度、断后伸长率、镀层重量、涂层厚度

各类防水材料按照相应产品标准进行出厂检验的取样代表批量应符合表 11-3 的要求。

防水材料产品标准取样方法　　　　　　　　表 11-3

序 号		产 品 名 称	批量及取样数量
1	卷材材料类	弹性体改性沥青防水卷材（SBS）（GB 18242—2008）	以同一类型、同一规格 10000 ㎡ 为一批，不足 10000㎡ 时亦可作为一批。在每批产品中随机抽取 5 卷进行单位面积质量、面积、厚度及外观检查。从上述性能合格的卷材中任取一卷进行材料性能试验
2		塑性体改性沥青防水卷材（APP）（GB 18243—2008）	
3		高分子防水材料 第 1 部分：片材（GB/T 18173.1—2012）	以同品种、同规格的 5000 ㎡ 片材（如日产量超过 8000 ㎡ 则以 8000 ㎡ 计）为一批，随机抽取 3 卷进行规格尺寸和外观质量检验，上述检验合格的样品，随机抽取足够的试样进行物理性能检验
4		预铺防水卷材（GB/T 23457—2017）湿铺防水卷材（GB/T 35467—2017）	以同一类型、同一规格 10000㎡ 为一批，不足 10000㎡ 亦作为一批。在每批产品中随机抽取 5 卷进行面积、单位面积质量、厚度、外观检查。从上述性能合格的卷材中随机抽取一卷至少 1.5㎡ 的试样进行物理力学性能检测
5		自粘聚合物改性沥青防水卷材（GB 23441—2009）	
6		聚氯乙烯（PVC）防水卷材（GB 12952—2011）	以同类型的 10000㎡ 卷材为一批，不满 10000㎡ 也可作为一批。在该批产品中随机抽取 3 卷进行尺寸偏差和外观检查，在上述检查合格的样品中任取一卷，在距外层端部 500mm 处裁取 3m（出厂检验为 1.5m）进行材料性能检验
7		氯化聚乙烯防水卷材（GB 12953—2003）	

续表

序 号	产品名称		批量及取样数量
8	涂料类	聚氨酯防水涂料 （GB/T 19250—2013）	以同一类型15t为一批，不足15t亦可作为一批（多组分产品按组分配套组批）。在每批产品中随机抽取两组样品，一组样品用于检验，另一组样品封存备用。每组至少5kg（多组分产品按组分配套组批）
9		水乳型沥青防水涂料 （JC/T 408—2005）	以同一类型、同一规格5t为一批，不足5t亦作为一批。在每批产品中按《色漆、清漆和色漆与清漆用原材料取样》（GB/T 3186—2006）规定取样，总共取2kg样品，放入干燥密闭容器中密封好
10		聚合物乳液建筑防水涂料 （JC/T 864—2008）	对同一原料、配方、连续生产的产品，以每5t为一批，不足5t亦可按一批计 产品抽样按《色漆、清漆和色漆与清漆用原材料取样》（GB/T 3186—2006）进行。总共取4kg样品用于检验
11		聚合物水泥防水涂料 （GB/T 23445—2009）	以同一类型的10t产品为一批，不足10t也作为一批。产品的液体组分抽样按《色漆、清漆和色漆与清漆用原材料取样》（GB/T 3186—2006）的规定进行，配套固体组分的抽样按《水泥取样方法》（GB/T 12573—2008）中袋装水泥的规定进行，两组共取5kg样品
12	止水密封材料	高分子防水材料　第2部分：止水带 （GB/T 18173.2—2014）	B类、S类止水带以同标记、连续生产的5000m为一批（不足5000m按一批计），从外观质量和尺寸公差检验合格的样品中随机抽取足够的试样，进行橡胶材料的物理性能检验。J类止水带以每100m制品所需要的胶料为一批，抽取足够胶料单独制样进行橡胶材料的物理性能检验
13		膨润土橡胶遇水膨胀止水条 （JG/T 141—2001）	抽样时，每同一型号产品5000m为一批，如不足5000m皆认为一批。每批任选3箱，每箱任取一盘，检测外观及规格尺寸后，在距端部0.1m外任一部位各截取长度约1m试样一条
14		遇水膨胀止水胶 （JG/T 312—2011）	连续生产的同一型号产品每5t为一批，不足5t也按一批计算
15		聚氨酯建筑密封胶 （JC/T 482—2003）	以同一品种、同一类型的产品每5t为一批进行检验，不足5t也作为一批。单组分支装产品由该批产品中随机抽取3件包装箱，从每件包装箱中随机抽取2~3支样品，共取6~9支。多组分桶装产品的抽样方法及数量按照《色漆、清漆和色漆与清漆用原材料取样》（GB/T 3186—2006）的规定执行，样品总量为4kg，取样后立即密封包装
16		聚硫建筑密封胶 （JC/T 483—2006）	以同一品种、同一类型的产品每10t为一批进行检验，不足10t也作为一批，抽样方法及数量按照《色漆、清漆和色漆与清漆用原材料取样》（GB/T 3186—2006）的规定执行，样品总量为4kg，取样后立即密封包装

续表

序　号	产品名称	批量及取样数量
17	止水密封材料　聚氯乙烯建筑防水接缝材料（JC/T 798—1997）	以同一类型、同一型号20t产品为一批，不足20t也作一批进行出厂检验。抽样按《色漆、清漆和色漆与清漆用原材料取样》（GB/T 3186—2006）进行。抽样时取3个试样（每个试样1kg），其中2个试样备用

第三节　技术要求

一、验收规范技术要求

《地下防水工程质量验收规范》（GB 50208—2011）中关于防水材料主要性能要求如下：

高聚物改性沥青类防水卷材的主要物理性能应符合表11-4的要求。

高聚物改性沥青类防水卷材的主要物理性能　　　　　表 11-4

项　目		指　标				
		弹性体改性沥青防水卷材			自粘聚合物改性沥青防水卷材	
		聚酯毡胎体	玻纤毡胎体	聚乙烯膜胎体	聚酯毡胎体	无胎体
可溶物含量（g/m²）		3mm 厚≥2100 4mm 厚≥2100			3mm 厚≥2100	—
拉伸性能	拉力（N/50mm）	≥800（纵横向）	≥500（纵横向）	≥140（纵向） ≥120（横向）	≥450（纵横向）	≥180（纵横向）
	延伸率（%）	最大拉力时≥40（纵横向）	—	断裂时≥250（纵横向）	最大拉力时≥30（纵横向）	断裂时≥200（纵横向）
低温柔度（℃）		−25，无裂纹				
热老化后低温柔度（℃）		−20，无裂纹		−22，无裂纹		
不透水性		压力0.3MPa，保持时间120min，不透水				

合成高分子类防水卷材的主要物理性能应符合表11-5的要求。

高聚物改性沥青类防水卷材的主要物理性能　　　　表 11-5

项　　目	指　　标			
	三元乙丙橡胶 防水卷材	聚氯乙烯防水卷材	聚乙烯丙纶复合 防水卷材	高分子自粘胶 膜防水卷材
断裂拉伸强度	≥7.5MPa	≥12MPa	≥60N/10mm	≥100N/10mm
断裂伸长率（%）	≥450	≥250	≥300	≥400
低温弯折性（℃）	−40，无裂纹	−20，无裂纹	−20，无裂纹	−20，无裂纹
不透水性	压力 0.3MPa，保持时间 120min，不透水			
撕裂强度	≥25kN/m	≥40kN/m	≥20N/10mm	≥120N/10mm
复合强度 （表层与芯层）	—	—	≥1.2N/mm	—

有机防水涂料的主要物理性能应符合表 11-6 的要求。

有机防水涂料的主要物理性能指标　　　　表 11-6

项　　目		指　　标		
		反应型防水涂料	水乳型防水涂料	聚合物水泥防水涂料
可操作时间（min）		≥20	≥50	≥30
潮湿基面粘结强度（MPa）		≥0.5	≥0.2	≥1.0
抗渗性 （MPa）	涂膜	≥0.3	≥0.3	≥0.3
	砂浆迎水面	≥0.8	≥0.8	≥0.8
	砂浆背水面	≥0.3	≥0.3	≥0.6
浸水 168h 后拉伸强度 （MPa）		≥1.7	≥0.5	≥1.5
浸水 168h 后断裂伸长率 （%）		≥400	≥350	≥80
耐水性（%）		≥80	≥80	≥80
表干（h）		≤12	≤4	≤4
实干（h）		≤24	≤12	≤12

注：1. 浸水 168h 后的拉伸强度和断裂伸长率是在浸水取出后只经擦干即进行试验所得的值。

2. 耐水性指标是指材料浸水 168h 后取出擦干即进行试验，其粘结强度及抗渗性的保持率。

无机防水涂料的主要物理性能应符合表 11-7 的要求。

无机防水涂料的主要物理性能指标　　　　表 11-7

项　目	指　标	
	掺外加剂、掺合料水泥基防水涂料	水泥基渗透结晶型防水涂料
抗折强度（MPa）	＞4	≥4
粘结强度（MPa）	＞1.0	≥1.0
一次抗渗性（MPa）	＞0.8	＞1.0
二次抗渗性（MPa）	—	＞0.8
冻融循环（次）	＞50	＞50

橡胶止水带的主要物理性能应符合表 11-8 的要求。

橡胶止水带的主要物理性能　　　　表 11-8

项　目		指　标		
		变形缝用止水带	施工缝用止水带	有特殊耐老化要求的接缝用止水带
硬度（邵氏 A，度）		60±5	60±5	60±5
拉伸强度（MPa）		≥15	≥12	≥10
扯断伸长率（%）		≥380	≥380	≥300
压缩永久变形（%）	70℃×24h	≤35	≤35	≤25
	23℃×168h	≤20	≤20	≤20
撕裂强度（kN/m）		≥30	≥25	≥25
脆性温度（℃）		≤−45	≤−40	≤−40
热空气老化	70℃×168h 硬度变化（邵氏 A，度）	+8	+8	—
	70℃×168h 拉伸强度（MPa）	≥12	≥10	—
	70℃×168h 扯断伸长率（%）	≥300	≥300	—
	100℃×168h 硬度变化（邵氏 A，度）	—	—	+8
	100℃×168h 拉伸强度（MPa）	—	—	≥9
	100℃×168h 扯断伸长率（%）	—	—	≥250
橡胶与金属粘合		断面在弹性体内		

注：橡胶与金属粘合指标仅适用于具有钢边的止水带。

混凝土建筑接缝用密封胶的主要物理性能应符合表 11-9 的要求。

混凝土建筑接缝用密封胶的主要物理性能　　　　　　表 11-9

<table>
<tr><td colspan="3" rowspan="2">项　目</td><td colspan="4">指　标</td></tr>
<tr><td>25（低模量）</td><td>25（高模量）</td><td>20（低模量）</td><td>20（高模量）</td></tr>
<tr><td rowspan="5">流动性</td><td rowspan="2">下垂度
（N型）</td><td>垂直（mm）</td><td colspan="4">≤3</td></tr>
<tr><td>水平（mm）</td><td colspan="4">≤3</td></tr>
<tr><td colspan="2">流平性（S型）</td><td colspan="4">光滑平整</td></tr>
<tr><td colspan="2">挤出性（mL/min）</td><td colspan="4">≥80</td></tr>
<tr><td colspan="2">弹性恢复率（%）</td><td colspan="2">≥80</td><td colspan="2">≥60</td></tr>
<tr><td rowspan="2">拉伸模量
（MPa）</td><td>23℃</td><td>≤0.4 和</td><td>>0.4 和</td><td>≤0.4 和</td><td>>0.4 和</td></tr>
<tr><td>−20℃</td><td>≤0.6</td><td>>0.6</td><td>0.6</td><td>>0.6</td></tr>
<tr><td colspan="2">定伸粘结性</td><td colspan="4">无破坏</td></tr>
<tr><td colspan="2">浸水后定伸粘结性</td><td colspan="4">无破坏</td></tr>
<tr><td colspan="2">热压冷拉后粘结性</td><td colspan="4">无破坏</td></tr>
<tr><td colspan="2">体积收缩率（%）</td><td colspan="4">≤25</td></tr>
</table>

注：体积收缩率仅适用于乳胶型和溶剂型产品。

腻子型遇水膨胀止水条的主要物理性能应符合表 11-10 的要求。

腻子型遇水膨胀止水条的主要物理性能　　　　　　表 11-10

项　目	指　标
硬度（C 型微孔材料硬度计，度）	≤40
7d 膨胀率	≤最终膨胀率的 60%
最终膨胀率（21d,%）	≥220
耐热性（80℃×2h）	无流淌
低温柔性（−20℃×2h，绕 φ10 圆棒）	无裂纹
耐水性（浸泡 15h）	整体膨胀无碎块

遇水膨胀止水胶的主要物理性能应符合表 11-11 的要求。

遇水膨胀止水胶的主要物理性能　　　　　　表 11-11

项　目	指　标	
	PJ220	PJ400
固含量（%）	≥85	
密度（g/cm³）	规定值±0.1	
下垂度（mm）	≤2	
表干时间（h）	≤24	
7d 拉伸粘结强度（MPa）	≥0.4	≥0.2

续表

项 目		指 标	
		PJ220	PJ400
低温柔性（－20℃）		无裂纹	
拉 伸 性 能	拉伸强度（MPa）	≥0.5	
	断裂伸长率（%）	≥400	
体积膨胀倍率（%）		≥220	≥400
长期浸水体积膨胀倍率保持率（%）		≥90	
抗水压（MPa）		1.5，不渗水	2.5，不渗水

二、产品标准技术要求

1. 卷材类

（1）弹性体改性沥青防水卷材（SBS）

根据《弹性体改性沥青防水卷材》（GB 18242－2008），弹性体沥青防水卷材按胎基分为聚酯胎（PY）、玻纤毡（G）、玻纤增强聚酯毡（PYG），按上表面隔离材料分为聚乙烯膜（PE）、细砂（S）、矿物粒料（M），按下表面隔离材料分为细砂（S）、聚乙烯膜（PE）。其材料物理性能应符合表 11-12 中各项规定。

弹性体改性沥青防水卷材材料性能　　　　　　　　　　表 11-12

序 号	项 目		指 标				
			I		II		
			PY	G	PY	G	PYG
1	可溶物含量（g/m²）≥	3mm	2100				—
		4mm	2900				—
		5mm	3500				
		试验现象	—	胎基不燃	—	胎基不燃	—
2	不透水性 30min		0.3 MPa	0.2 MPa	0.3 MPa		
3	耐热性℃	℃	90		105		
		≤mm	2				
		试验现象	无流淌、滴落				
4	拉力	最大峰拉力（N/50mm），不小于	500	350	800	500	900
		次高峰拉力（N/50mm），不小于	—	—	—	—	800
		试验现象	拉伸过程中，试件中部无沥青涂盖层开裂或与胎基分离现象				

续表

序号	项目		指标				
			I		II		
			PY	G	PY	G	PYG
5	延伸率	最大峰时延伸率（%），不小于	30		40		—
		第二峰时延伸率（%），不小于	—		—		15
6	低温柔性（℃）		−20		−25		
			无裂缝				
7	浸水后质量增加（%）	EP、S	1.0				
		M	2.0				
8	人工气候加速老化	外观	无滑动、流淌、滴落				
		拉力保持率（%），不小于	80				
		低温柔性（℃）	−15		−20		
			无裂缝				
9	渗油性	张数，不大于	2				
10	接缝剥离强度（N/mm），不小于		1.5				
11	钉杆撕裂强度[1]（N），不小于		—				300
12	矿物粒料粘附性[2]（g），不大于		2.0				
13	卷材下表面沥青涂盖层厚度[3]（mm），不小于		1.0				
14	热老化	拉力保持率（%），不小于	90				
		延伸率保持率（%），不小于	80				
		低温柔性（℃）	−15		−20		
			无裂缝				
		尺寸变化率（%），不大于	0.7	—	0.7	—	0.3
		质量损失（%），不大于	1.0				

注：1. 仅适用于单层机械固定施工方式卷材。

2. 仅适用于矿物粒料表面的卷材。

3. 仅适用于热熔施工的卷材。

（2）塑料体改性沥青防水卷材（APP）

根据《塑料体改性沥青防水卷材》（GB 18243—2008），塑性体沥青防水卷材按胎基分为聚酯毡（PY）、玻纤毡（G）、玻纤增强聚酯毡（PYG），按上表面隔离材料分为聚乙烯膜（PE）、细砂（S）、矿物粒料（M），按下表面隔离材料分为细砂（S）、聚乙烯膜（PE）。其材料物理性能应符合表11-13中各项规定。

塑性体改性沥青防水卷材材料性能 表 11-13

序号	项目		指标				
			I		II		
			PY	G	PY	G	PYG
1	可溶物含量（g/m²），不小于	3mm	2100				—
		4mm	2900				—
		5mm	3500				
		试验现象	—	胎基不燃	—	胎基不燃	
2	不透水性 30min		0.3 MPa	0.2 MPa	0.3 MPa		
3	耐热性（℃）	℃	110		130		
		≤mm	2				
		试验现象	无流淌、滴落				
4	拉力	最大峰拉力（N/50mm），不小于	500	350	800	500	900
		次高峰拉力（N/50mm），不小于	—	—	—	—	800
		试验现象	拉伸过程中，试件中部无沥青涂盖层开裂或与胎基分离现象				
5	延伸率	最大峰时延伸率（%），不小于	25		40		—
		第二峰时延伸率（%），不小于	—		—		15
6	低温柔性（℃）		—7		—15		
			无裂缝				
7	浸水后质量增加（%）	PE、S	1.0				
		M	2.0				
8	人工气候加速老化	外观	无滑动、流淌、滴落				
		拉力保持率（%），不小于	80				
		低温柔性（℃）	—2		—10		
			无裂缝				
9	接缝剥离强度（N/mm），不小于		1.0				
10	钉杆撕裂强度[1]（N）不小于		—				300
11	矿物粒料粘附性[2]（g）不大于		2.0				
12	卷材下表面沥青涂盖层厚度[3]（mm）不小于		1.0				

续表

序号	项 目		指 标				
			I		II		
			PY	G	PY	G	PYG
13	热老化	拉力保持率（%），不小于	90				
		延伸率保持率（%），不小于	80				
		低温柔性（℃）	−2		−10		
		尺寸变化率（%），不大于	无裂缝				
			0.7	—	0.7	—	0.3
		质量损失（%）不大于	1.0				

注：1. 仅适用于单层机械固定施工方式卷材。
2. 仅适用于矿物粒料表面的卷材。
3. 仅适用于热熔施工的卷材。

（3）高分子防水材料（GB/T 18173.1—2012）

1）术语和定义

① 均质片

以高分子合成材料为主要材料，各部位截面材质均匀一致的防水材料。

② 复合片

以高分子合成材料为主要材料，复合织物等保护或增强层，以改变其尺寸稳定性和力学特性，各部位截面结构一致的防水片材。

③ 自粘片

在高分子片材表面复合一层自粘材料和隔离保护层，以改善或提高其与基层的粘结性能，各部位截面结构一致的防水片材。

④ 复合强度

复合片材表面保护或增强层与芯层的复合力度，用MPa表示。

2）片材的物理性能

① 均质片的性能应符合表11-14的规定；复合片的性能应符合表11-15的规定。

② 对于整体厚度小于1.0mm的树脂类复合片材，扯断伸长率不得小于50%，其他性能达到规定值的80%以上。

③ 对于聚酯胎上涂覆三元乙丙橡胶的FF类片材，扯断伸长率不得小于100%，其他性能应符合表11-15的规定。

均质片的物理性能 表 11-14

项 目		指 标								
		硫化橡胶类			非硫化橡胶类			树脂类		
		JL1	JL2	JL3	JF1	JF2	JF3	JS1	JS2	JS3
拉伸强度（MPa）	常温（23℃），不小于	7.5	6.0	6.0	4.0	3.0	5.0	10	16	14
	高温（60℃），不小于	2.3	2.1	1.8	0.8	0.4	1.0	4	6	5

续表

项　　目		指　　标								
		硫化橡胶类			非硫化橡胶类			树脂类		
		JL1	JL2	JL3	JF1	JF2	JF3	JS1	JS2	JS3
扯断伸长率（%）	常温（23℃），不小于	450	400	300	400	200	200	200	550	500
	低温（−20℃），不小于	200	200	170	200	100	100	—	350	300
撕裂强度（kN/m），不小于		25	24	23	18	10	10	40	60	60
不透水性（30min）		0.3MPa 无渗漏			0.2MPa 无渗漏	0.3 MPa 无渗漏	0.2 MPa 无渗漏		0.3 MPa 无渗漏	
低温弯折温度（℃），不小于		−40	−30	−30	−30	−20	−20	−20	−35	−35
加热伸缩量（mm）	延伸，不大于	2	2	2	2	4	4	2	2	2
	收缩，不大于	4	4	4	4	6	10	6	6	6
热空气老化（80℃×168h）	拉伸强度保持率（%），不小于	80	80	80	90	60	80	80	80	80
	拉断伸长率保持率（%），不小于	70	70	70	70	70	70	70	70	70
耐碱性（饱和Ca(OH)$_2$溶液23℃×168h）	拉伸强度保持率（%），不小于	80	80	80	80	70	70	80	80	80
	拉断伸长率保持率（%），不小于	80	80	80	90	80	70	80	90	90
臭氧老化（40℃×168h）	伸长率40%，500×10^{-8}	无裂纹	—	—	无裂纹	—	—	—	—	—
	伸长率20%，500×10^{-8}	—	无裂纹	—	—	—	—	—	—	—
	伸长率20%，500×10^{-8}	—	—	无裂纹	—	无裂纹	无裂纹	—	—	—
人工气候老化	拉伸强度保持率（%），小于	80	80	80	80	70	80	80	80	80
	拉断伸长率保持率（%），不小于	70	70	70	70	70	70	70	70	70
粘结剥离强度（片材与片材）	标准试验条件/（N/mm），不小于	1.5								
	浸水保持率（23℃×168h）（%），不小于	70								

注：1. 人工气候老化和粘合性能项目为推荐项目。
　　2. 非外露使用可以不考核臭氧老化、人工气候老化、加热伸缩量、60℃拉伸强度性能。

复合片的物理性能　　　　　　　　　　　　　　　　表 11-15

项　　目		指　标			
		硫化橡胶类 FL	非硫化橡胶类 FF	树脂类	
				FS1	FS2
拉伸强度（N/cm）	常温（23℃），不小于	80	60	100	60
	高温（60℃），不小于	30	20	40	30
拉断伸长率（%）	常温（23℃），不小于	300	250	150	400
	低温（—20℃），不小于	150	50	—	300
撕裂强度（N），不小于		40	20	20	50
不透水性（0.3MPa，30min）		无渗漏	无渗漏	无渗漏	无渗漏
低温弯折		—35℃无裂纹	—20℃无裂纹	—30℃无裂纹	—20℃无裂纹
加热伸缩量（mm）	延伸，不大于	2	2	2	2
	收缩，不大于	4	4	2	4
热空气老化（80℃×168h）	拉抻强度保持率（%），不小于	80	80	80	80
	拉断伸长率保持率（%），不小于	70	70	70	70
耐碱性（饱和 $Ca(OH)_2$ 溶液 23℃×168h）	拉伸强度保持率（%），不小于	80	60	80	80
	拉断伸长率保持率（%），不小于	60	60	80	80
臭氧老化（40℃×168h），$200×10^{-8}$，伸长率20%		无裂纹	无裂纹	—	—
人工气候老化	拉伸强度保持率（%），不小于	80	70	80	80
	拉断伸长率保持率（%），不小于	70	70	70	70
粘结剥离强度（片材与片材）	标准试验条件（N/mm），不小于	1.5	1.5	1.5	1.5
	浸水保持率（23℃×168h）（%），不小于	70	70	70	70
复合强度（FS2型表层与芯层）（MPa），不小于		—	—	—	0.8

注：1. 人工气候老化和粘合性能项目为推荐项目。

　　2. 非外露使用可以不考核臭氧老化、人工气候老化、加热伸缩量、高温（60℃）拉伸强度性能。

（4）聚氯乙烯防水卷材（PVC卷材）（GB 12952—2011）

均质的聚氯乙烯防水卷材：不采用内增强材料或背衬材料的聚氯乙烯防水卷材（代号H）。

带纤维背衬的聚氯乙烯防水卷材：用织物如聚酯无纺布等复合在卷材下表面的聚氯乙烯防水卷材（代号L）。

织物内增强的聚氯乙烯防水卷材：用聚酯或玻纤网格布在卷材中间增强的聚氯乙烯防

水卷材（代号 P）。

玻璃纤维内增强的聚氯乙烯防水卷材：在卷材中加入短切玻璃纤维或玻璃纤维无纺布，对拉伸性能等力学性能无明显影响，仅提高产品尺寸稳定性的聚氯乙烯防水卷材（代号 G）。

玻璃纤维内增强带纤维背衬的聚氯乙烯防水卷材：在卷材中加入短切玻璃纤维或玻璃纤维无纺布，并用织物如聚酯无纺布等复合在卷材下表面的聚氯乙烯防水卷材（代号 GL）。

聚氯乙烯防水卷材的主要物理性能应符合表 11-16 的规定。

聚氯乙烯防水卷材材料主要性能指标　　　　表 11-16

序　号	项　目		指　标				
			H	L	P	G	GL
1	中间胎基上面树脂层厚度（mm），不小于		—		0.4		
2	拉伸性能	最大拉力（N/cm），不小于	—	120	250		120
		拉伸强度（MPa），不小于	10.0		—	10.0	
		最大拉力时伸长率（%），不小于	—		15		
		断裂伸长率（%），不小于	200	150	—	200	100
3	热处理尺寸变化率（%）		2.0	1.0	0.5	0.1	0.1
4	低温弯折性		−25℃无裂纹				
5	不透水性		0.3MPa，2h 不透水				
6	抗冲击性能		0.5kg·m 不透水				
7	抗静态荷载		—	20kg 不渗水			
8	接缝剥离强度（N/mm），不小于		4.0 或卷材破坏		3.0		
9	直角撕裂强度（N/mm），不小于		50		—	50	
10	梯形撕裂强度（N），不小于		—	150	250	—	220
11	吸水率（70℃，168h）（%）	浸水后，不大于	4.0				
		晾置后，不小于	−0.40				

（5）氯化聚乙烯防水卷材（CPE 卷材）（GB 12953－2003）

1）分类

产品按有无复合层分类，无复合层的为 N 类，用纤维单面复合的为 L 类，织物内增强的为 W 类。每类产品按理化性能分为 I 型和 II 型。

2）理化性能

N 类无复合层的卷材理化性能应符合表 11-17 的规定。

L 类纤维单面复合及 W 类织物内增强的卷材应符合表 11-18 的规定。

N 类卷材理化性能　　　　　　　　　　　　　表 11-17

序　号	项　　目		Ⅰ型	Ⅱ型
1	拉伸强度（MPa），不小于		5.0	8.0
2	断裂伸长率（%），不小于		200	300
3	热处理尺寸变化率（%），不大于		3.0	纵向 2.5 横向 1.5
4	低温弯折性		−20℃无裂纹	−25℃无裂纹
5	抗穿孔性		不渗水	
6	不透水性		不透水	
7	剪切状态下的粘合性（N/mm），不小于		3.0 或卷材破坏	
8	热老化处理	外观	无起泡、裂纹、粘结和孔洞	
		拉伸强度变化率（%）	+50，−20	±20
		断裂伸长率变化率（%）	+50，−30	±20
		低温弯折性	−15℃无裂纹	−20℃无裂纹
9	耐化学侵蚀	拉伸强度变化率（%）	±30	±20
		断裂伸长率变化率（%）	±30	±20
		低温弯折性	−15℃无裂纹	−20℃无裂纹
10	人工气候加速老化	拉伸强度变化率（%）	+50，−30	±20
		断裂伸长率变化率（%）	+50，−30	±20
		低温弯折性	−15℃无裂纹	−20℃无裂纹

注：非外露使用可以不考核人工气候加速老化性能。

L 类及 W 类卷材理化性能　　　　　　　　　表 11-18

序　号	项　　目	Ⅰ型	Ⅱ型
1	拉力（N/cm），不小于	70	120
2	断裂伸长率（%），不小于	125	250
3	热处理尺寸变化率（%），不大于	1.0	
4	低温弯折性	−20℃无裂纹	−25℃无裂纹
5	抗穿孔性	不渗水	
6	不透水性	不透水	

序 号	项 目		Ⅰ型	Ⅱ型
7	剪切状态下的粘合性 （N/mm），不小于	L类	3.0 或卷材破坏	
		W类	6.0 或卷材破坏	
8	热老化处理	外观	无起泡、裂纹、粘结和孔洞	
		拉力（N/cm），不小于	55	100
		断裂伸长率（%），不小于	100	200
		低温弯折性	−15℃无裂纹	−20℃无裂纹
9	耐化学侵蚀	拉力（N/cm），不小于	55	100
		断裂伸长率（%），不小于	100	200
		低温弯折性	−15℃无裂纹	−20℃无裂纹
10	人工气候加速老化	拉力（N/cm），不小于	55	100
		断裂伸长率（%），不小于	100	200
		低温弯折性	−15℃无裂纹	−20℃无裂纹

注：非外露使用可以不考核人工气候加速老化性能。

（6）预铺防水卷材（GB/T 23457—2017）

产品按主体材料分为塑料防水卷材（P类）、沥青基聚酯胎防水卷材（PY类）、橡胶防水卷材（R类）。预铺防水卷材物理力学性能应符合表11-19的规定。

预铺防水卷材物理力学性能 表 11-19

序 号	项 目			指 标		
				P	PY	R
1	可溶物含量/（g/m²）		≥	—	2900	
2	拉伸性能	拉力/（N/50mm）	≥	600	800	350
		拉伸强度/MPa	≥	16	—	9
		膜断裂伸长率/%	≥	400		300
		最大拉力时伸长率/%	≥	—	40	
		拉伸时现象		胶层与主体材料或胎基无分离现象		
3	钉杆撕裂强度/N		≥	400	200	130
4	弹性恢复率/%		≥	—		80
5	抗穿刺强度/N		≥	350	550	100
6	抗冲击性能（0.5kg·m）			无渗漏		
7	抗静态荷载			20kg，无渗漏		

续表

序号	项目		指 标		
			P	PY	R
8	耐热性		80℃，2h无滑移、流淌、滴落	70℃，2h无滑移、流淌、滴落	100℃，2h无滑移、流淌、滴落
9	低温弯折性		主体材料−35℃，无裂纹	—	主体材料和胶层−35℃，无裂纹
10	低温柔性		胶层−25℃，无裂纹	−20℃，无裂纹	—
11	渗油性/张数 ≤		1	2	1
12	抗窜水性（水力梯度）		0.8MPa/35mm，4h不窜水		
13	不透水性（0.3MPa，120min）		不透水		
14	与后浇混凝土剥离强度/（N/mm）	无处理 ≥	1.5	1.5	0.8，内聚破坏
		浸水处理 ≥	1.0	1.0	0.5，内聚破坏
		泥沙污染表面 ≥	1.0	1.0	0.5，内聚破坏
		紫外线处理 ≥	1.0	1.0	0.5，内聚破坏
		热处理 ≥	1.0	1.0	0.5，内聚破坏
15	与后浇混凝土浸水后剥离强度/（N/mm） ≥		1.0	1.0	0.5，内聚破坏
16	卷材与卷材剥离强度（搭接边）[a]/（N/mm）	无处理 ≥	0.8	0.8	0.6
		浸水处理 ≥	0.8	0.8	0.6
17	卷材防粘处理部位剥离强度[b]/（N/mm） ≤		0.1 或不粘合		
18	热老化（80℃，168h）	拉力保持率/% ≥	90		80
		伸长率保持率/% ≥	80		70
		低温弯折性	主体材料−32℃，无裂纹	—	主体材料和胶层−32℃，无裂纹
		低温柔性	胶层−23℃，无裂纹	−18℃，无裂纹	—
19	尺寸变化率/% ≤		±1.5	±0.7	±1.5

a 仅适用于卷材纵向长边采用自粘搭接的产品

b 颗粒表面产品可以直接表示为不粘合。

（7）湿铺防水卷材 GB/T 35467—2017

产品按增强材料分为高分子膜基防水卷材、聚酯胎基防水卷材（PY 类），高分子膜基防水卷材分为高强度类（H 类）、高延伸率类（E 类），高分子膜可以位于卷材的表层或中间。

产品按粘结表面分为单面粘合（S）、双面粘合（D）。湿铺防水卷材物理力学性能应符合表 11-20 的规定。

湿铺防水卷材物理力学性能　　　　　表 11-20

序 号	项 目			指 标		
				H	E	PY
1	可溶物含量/（g/m²）		≥	—		2100
2	拉伸性能	拉力/（N/50mm）	≥	300	200	500
		最大拉力时伸长率/%	≥	50	180	30
		拉伸时现象		胶层与高分子膜或胎基无分离		
3	撕裂力/N		≥	20	25	200
4	耐热性（70℃，2h）			无流淌、滴落，滑移≤2mm		
5	低温柔性（−20℃）		≥	无裂纹		
6	不透水性（0.3MPa120min）			不透水		
7	卷材与卷材剥离强度（搭接边）/（N/mm）	无处理	≥	1.0		
		浸水处理	≥	0.8		
		热处理	≥	0.8		
8	渗油性/张数		≤	2		
9	持粘性/min		≥	30		
10	与水泥砂浆剥离强度/（N/mm）	无处理	≥	1.5		
		热处理	≥	1.0		
11	与水泥砂浆浸水后剥离强度/（N/mm）		≥	1.5		
12	热老化（80℃，168h）	拉力保持率/%	≥	90		
		伸长率保持率/%	≥	80		
		低温柔性（−18℃）		无裂纹		
13	尺寸变化率/%			±1.0	±1.5	±1.5
14	热稳定性			无起鼓、流淌，高分子膜或胎基边缘卷曲最大不超过边长1/4		

（8）自粘聚合物改性沥青防水卷材（GB 23441—2009）

产品按有无胎基分为无胎基（N 类）、聚酯胎基（PY 类）。N 类按上表面材料分为聚乙烯膜（PE）、聚酯膜（PET）、无膜双面自粘（D）。PY 类按上表面材料分为聚乙烯膜（PE）、细砂（S）、无膜双面自粘（D）。产品按性能分为 I 型和 II 型，卷材厚度为 2.0mm 的 PY 类只有 I 型。N 类卷材物理力学性能应符合表 11-21 的规定，PY 类卷材物理力学性能应符合表 11-22 的规定。

N 类自粘聚合物改性沥青防水卷材物理力学性能　　　　表 11-21

序号	项　目		指　标				
			PE		PET		D
			I	II	I	II	
1	拉伸性能	拉力（N/50mm），不小于	150	200	150	200	—
		最大拉力时延伸率（%），不小于	200		30		—
		沥青断裂延伸率（%），不小于	250		150		450
		拉伸时现象	拉伸过程中，在膜断裂前无沥青涂盖层与膜分离现象				—
2	钉杆撕裂强度（N），不小于		60	110	30	40	—
3	耐热性		70℃滑动不超过 2mm				
4	低温柔性（℃）		−20	−30	−20	−30	−20
5	不透水性		0.2MPa，120min 不透水				—
6	剥离强度（N/mm），不小于	卷材与卷材	1.0				
		卷材与铝板	1.5				
7	钉杆水密性		通过				
8	渗油性（张数），不大于		2				
9	持黏性（min），不小于		20				
10	热老化	拉力保持率（%），不小于	80				
		最大拉力时延伸率（%），不小于	200		30		400（沥青层断裂延伸率）
		低温柔性（℃）	−18	−28	−18	−28	−18
			无裂纹				
		剥离强度卷材与铝板（N/mm），不小于	1.5				
11	热稳定性	外观	无起鼓、皱褶、滑动、流淌				
		尺寸变化（%），不大于	2				

PY 类自粘聚合物改性沥青防水卷材物理力学性能 表 11-22

序 号	项 目			指 标	
				I	II
1	可溶物含量（g/m²），不小于		2.0mm	1300	—
			3.0mm	2100	
			4.0mm	2900	
2	拉伸性能	拉力（N/50mm），不小于	2.0mm	350	—
			3.0mm	450	600
			4.0mm	450	800
		最大拉力时延伸率（%），不小于		30	40
3	耐热性			70℃无滑动、流淌、滴落	
4	低温柔性（℃）			−20	−30
				无裂纹	
5	不透水性			0.3MPa，120min 不透水	
6	剥离强度（N/mm），不小于	卷材与卷材		1.0	
		卷材与铝板		1.5	
7	钉杆水密性			通过	
8	渗油性（张数），不大于			2	
9	持黏性（min），不小于			15	
10	热老化	最大拉力时延伸率（%），不小于		30	40
		低温柔性（℃）		−18	−28
				无裂纹	
		剥离强度 卷材与铝板（N/mm），不小于		1.5	
		尺寸稳定性（%），不大于		1.5	1.0
11	自粘沥青再剥离强度（N/mm），不小于			1.5	

2. 涂料类

（1）聚氨酯防水涂料（GB/T 19250—2013）

产品按组分分为单组分（S）、多组分（M）两种，按基本性能分为 I 型、II 型和 III 型。按是否暴露使用分为外露（E）和非外露（N）。按有害物质限量分为 A 类和 B 类。聚氨酯防水涂料基本性能应符合表 11-23 的规定。

聚氨酯防水涂料基本性能 表 11-23

序 号	项 目		技 术 指 标		
			Ⅰ	Ⅱ	Ⅲ
1	固体含量（%），不小于	单组分	85.0		
		多组分	92.0		
2	表干时间（h），不大于		12		
3	实干时间（h），不大于		24		
4	流平性[1]，不小于		20min 时，无明显齿痕		
5	拉伸强度（MPa），不小于		2.00	6.00	12.0
6	断裂伸长率（%），不小于		500	450	250
7	撕裂强度（N/mm），不小于		15	30	40
8	低温弯折性		−35℃，无裂纹		
9	不透水性		0.3MPa，120min，不透水		
10	加热伸缩率（%）		−4.0～+1.0		
11	粘结强度（MPa），不小于		1.0		
12	吸水率（%），不大于		5.0		
13	定伸时老化	加热老化	无裂纹及变形		
		人工气候老化[2]	无裂纹及变形		
14	热处理（80℃，168h）	拉伸强度保持率（%）	80～150		
		断裂伸长率（%），不小于	450	400	200
		低温弯折性	−30℃，无裂纹		
15	碱处理（0.1%NaOH＋饱和Ca(OH)₂溶液，168h）	拉伸强度保持率（%）	80～150		
		断裂伸长率（%），不小于	450	400	200
		低温弯折性	−30℃，无裂纹		
16	酸处理（2%H₂SO₄溶液，168h）	拉伸强度保持率（%）	80～150		
		断裂伸长率（%），不小于	450	400	200
		低温弯折性	−30℃，无裂纹		
17	人工气候老化[2]（1000h）	拉伸强度保持率（%）	80～150		
		断裂伸长率（%），不小于	450	400	200
		低温弯折性	−30℃，无裂纹		
18	燃烧性能[2]		B_2−E（点火 15s，燃烧 20s，F_s≤150mm，无燃烧滴落物引燃滤纸）		

注：1. 该项性能不适用于单组分和喷涂施工的产品。流平性时间也可根据工程要求和施工环境由供需双方商定并在订货合同与产品包装上明示。

2. 仅外露产品要求测定。

（2）水乳型沥青防水涂料（JC/T 408—2005）

产品按性能分为 H 型和 L 型。物理力学性能应满足表 11-24 的要求。

水乳型沥青防水涂料物理力学性能　　　　表 11-24

项　　目		L	H
固体含量（%），不小于		45	
耐热度（℃）		80±2	110±2
		无流淌、滑动、滴落	
不透水性		0.10MPa，30min 无渗水	
粘结强度（MPa），不小于		0.30	
表干时间（h），不大于		8	
实干时间（h），不大于		24	
低温柔度（℃）	标准条件	−15	0
	碱处理	−10	5
	热处理		
	紫外线处理		
断裂伸长率（%），不小于	标准条件	600	
	碱处理		
	热处理		
	紫外线处理		

注：供需双方可以商定温度更低的低温柔度指标。

（3）聚合物水泥防水涂料（GB/T 23445—2009）

产品按物理力学性能分为Ⅰ型、Ⅱ型和Ⅲ型。Ⅰ型适用于活动量较大的基层，Ⅱ型和Ⅲ型适用于活动量较小的基层。产品物理力学性能应符合表 11-25 的要求。

聚合物水泥防水涂料物理力学性能　　　　表 11-25

序　号	试验项目		技术指标		
			Ⅰ型	Ⅱ型	Ⅲ型
1	固体含量（%），不小于		70	70	70
2	拉伸强度	无处理（MPa），不小于	1.2	1.8	1.8
		加热处理后保持率（%），不小于	80	80	80
		碱处理后保持率（%），不小于	60	70	70
		浸水处理后保持率（%），不小于	60	70	70
		紫外线处理后保持率（%），不小于	80	—	—

续表

序号	试验项目		Ⅰ型	Ⅱ型	Ⅲ型
			技术指标		
3	断裂伸长率	无处理（%），不小于	200	80	30
		加热处理（%），不小于	150	65	20
		碱处理（%），不小于	150	65	20
		浸水处理（%），不小于	150	65	20
		紫外线处理（%），不小于	150	—	—
4	低温柔性（ϕ10棒）		−10℃无裂纹	—	—
5	粘结强度	无处理（MPa），不小于	0.5	0.7	1.0
		潮湿基层（MPa），不小于	0.5	0.7	1.0
		碱处理（MPa），不小于	0.5	0.7	1.0
		浸水处理（MPa），不小于	0.5	0.7	1.0
6	不透水性（0.3MPa，30min）		不透水	不透水	不透水
7	抗渗性（砂浆背水面）（MPa），不小于		—	0.6	0.8

（4）聚合物乳液建筑防水涂料（JC/T 864—2008）

产品按物理性能分为Ⅰ类和Ⅱ类。Ⅰ类产品不用于外露场合。产品物理力学性能应符合表 11-26 的要求。

聚合物乳液建筑防水涂料物理力学性能　　　　　　表 11-26

序号	试验项目		Ⅰ型	Ⅱ型
			指标	
1	拉伸强度（MPa），不小于		1.0	1.5
2	断裂延伸率（%），不小于		300	
3	低温柔性，绕ϕ10棒弯180°		−10℃，无裂纹	−20℃，无裂纹
4	不透水性（0.3MPa，0.5h）		不透水	
5	固体含量（%），不小于		65	
6	干燥时间（h）	表干时间，不大于	4	
		实干时间，不大于	8	
7	处理后的拉伸强度保持率（%）	加热处理，不小于	80	
		碱处理，不小于	80	
		酸处理，不小于	60	
		人工气候老化处理[a]，不小于	—	80～150

续表

序　号	试验项目		指　　标	
			Ⅰ型	Ⅱ型
8	处理后的断裂延伸率（%）	加热处理，不小于	200	
		碱处理，不小于		
		酸处理，不小于		
		人工气候老化处理ᵃ，不小于	—	200
9	加热伸缩率（%）	伸长，不大于	1.0	
		缩短，不大于	1.0	

注：ᵃ 仅用于外露使用产品。

3. 密封材料

（1）硅酮和改性硅酮建筑密封胶（GB/T 14683—2017）

1）种类

产品按组分分为单组分（Ⅰ）和多组分（Ⅱ）两个类型。

硅酮建筑密封胶按用途分为三类：

F 类——建筑接缝用。

Gn 类——普通装饰装修镶装玻璃用，不适用于中空玻璃。

Gw 类——建筑幕墙非结构性装配用，不适用于中空玻璃。

改性硅酮建筑密封胶按用途分为两类：

F 类——建筑接缝用。

R 类——干缩位移接缝用，常见于装配式预制混凝土外挂墙板接缝。

2）级别

产品按 GB/T 22083—2008 中 4.2 的规定对位移能力进行分级，见表 11-27。

密封胶级别 表 11-27

级　　别	试验拉压幅度（%）	位 移 能 力（%）
50	±50	50.0
35	±35	35.0
25	±25	25.0
20	±20	20.0

3）理化性能

硅酮建筑密封胶（SR）的理化性能应符合表 11-28 的规定。改性硅酮建筑密封胶（MS）的理化性能应符合表 11-29 的规定。

硅酮建筑密封胶（SR）的理化性能　　　　表 11-28

序号	项　目		技术指标								
			50LM	50HM	35LM	35HM	25LM	25HM	20LM	20HM
1	密度（g/cm³）		规定值±0.1								
2	下垂度（mm）		≤3								
3	表干时间ᵃ（h）		≤3								
4	挤出性（mL/min）		≥150								
5	适用期ᵇ		供需双方商定								
6	弹性恢复率（%）		≥80								
7	拉伸模量（MPa）	23℃	≤0.4 和	>0.4 或	≤0.4 和	>0.4 或	≤0.4 和	>0.4 或	≤0.4 和	>0.4 或
		−20℃	≤0.6	>0.6	≤0.6	>0.6	≤0.6	>0.6	≤0.6	>0.6
8	定伸粘结性		无破坏								
9	浸水后定伸粘结性		无破坏								
10	冷拉—热压后粘结性		无破坏								
11	紫外线辐照后粘结性ᶜ		无破坏								
12	浸水光照后粘结性ᵈ		无破坏								
13	质量损失率（%）		≤8								
14	烷烃增塑剂ᵉ		不得检出								

注：ᵃ允许采用供需双方商定的其他指标值。

　　ᵇ仅适用于多组分产品。

　　ᶜ仅适用于 Gn 类产品。

　　ᵈ仅适用于 Gw 类产品。

　　ᵉ仅适用于 Gw 类产品。

改性硅酮建筑密封胶（MS）的理化性能　　　　表 11-29

序　号	项　目	技术指标				
		25LM	25HM	20LM	20HM	20LM-R
1	密度/（g/cm³）	规定值±0.1				
2	下垂度/mm	≤3				
3	表干时间/h	≤24				
4	挤出性ᵃ/（mL/min）	≥150				
5	适用期ᵇ/min	≥30				
6	弹性恢复率/%	≥70	≥70	≥60	≥60	—

序　号	项　目		技 术 指 标				
			25LM	25HM	20LM	20HM	20LM-R
7	定伸永久变形/%		—	—	—	—	＞50
8	拉伸模量（MPa）	23℃	≤0.4 和	＞0.4 或	≤0.4 和	＞0.4 或	≤0.4 和
		−20℃	≤0.6	＞0.6	≤0.6	＞0.6	≤0.6
9	定伸粘结性		无破坏				
10	浸水后定伸粘结性		无破坏				
11	冷拉—热压后粘结性		无破坏				
12	质量损失率/%		≤5				

注：[a]仅适用于单组分产品。

　　[b]仅适用于多组分产品；允许采用供需双方商定的其他指标值。

（2）聚氨酯建筑密封胶（JC/T 482—2003）

聚氨酯建筑密封胶产品按包装形式分为单组分（Ⅰ）和多组分（Ⅱ）两个品种。产品按流动性分为非下垂型（N）和自流平（L）两个类型。产品按位移能力分为 25、20 两个级别，见表 11-30。产品按拉伸模量分为高模量（HM）和低模量（LM）两个次级别。

聚氨酯建筑密封胶级别（%）　　　　　　　表 11-30

级　别	试验拉压幅度	位移能力
25	±25	25
20	±25	20

聚氨酯建筑密封胶的物理力学性能应符合表 11-31 的规定。

聚氨酯建筑密封胶物理力学性能　　　　　　　表 11-31

试 验 项 目		技 术 指 标		
		20HM	25LM	20LM
密度（g/cm³）		规定值±0.1		
流动性	下垂度（N 型）（mm）	≤3		
	流平性（L 型）	光滑平整		
表干时间（h）		≤24		
挤出性[a]（mL/min）		≥80		
适用期[b]（h）		≥1		
弹性恢复率（%）		≥70		

续表

试验项目		技术指标		
		20HM	25LM	20LM
拉伸模量（MPa）	23℃	＞0.4 或＞0.6	≤0.4 和≤0.6	
	−20℃			
定伸粘结性		无破坏		
浸水后定伸粘结性		无破坏		
冷拉—热压后的粘结性		无破坏		
质量损失率（%）		≤7		

注：[a]此项仅适用于单组分产品。

[b]此项仅适用于多组分产品，允许采用供需双方商定的其他指标值。

（3）聚硫建筑密封胶（JC/T 483—2006）

产品按流动性分为非下垂型（N）和自流平型（L）两个类型。产品按位移能力分为25、20两个级别，见表11-32。产品按拉伸模量分为高模量（HM）和低模量（LM）两个次级别。

聚硫建筑密封胶级别（%）　　　　　　　　　　表 11-32

级　别	试验拉压幅度	位移能力
25	±25	25
20	±20	20

聚硫建筑密封胶的物理力学性能应符合表 11-33 的规定。

聚硫建筑密封胶物理力学性能　　　　　　　　表 11-33

序　号	项　目		技术指标		
			20HM	25LM	20LM
1	密度（g/cm³）		规定值±0.1		
2	流动性	下垂度（N型）（mm）	≤3		
		流平性（L型）	光滑平整		
3	表干时间（h）		≤24		
4	适用期（h）		≥2		
5	弹性恢复率（%）		≥70		
6	拉伸模量（MPa）	23℃	＞0.4 或＞0.6	≤0.4 和≤0.6	
		−20℃			
7	定伸粘结性		无破坏		

序 号	项 目	技 术 指 标		
		20HM	25LM	20LM
8	浸水后定伸粘结性	无破坏		
9	冷拉—热压后粘结性	无破坏		
10	质量损失率（%）	≤5		

注：适用期允许采用供需双方商定的其他指标值。

（4）聚氯乙烯建筑防水接缝材料（JC/T 798—1997）

PVC 接缝材料按施工工艺分为两种类型：

J 型：是指用热塑法施工的产品，俗称聚氯乙烯胶泥。

G 型：是指用热熔法施工的产品，俗称塑料油膏。

PVC 接缝材料按耐热性 80℃和低温柔性—10℃为 801 和耐热性 80℃和低温柔性—20℃为 802 两个型号。产品物理力学性能符合表 11-34 的规定。

聚氯乙烯建筑防水接缝材料物理力学性能　　　　　　表 11-34

项 目		技 术 要 求	
		801	802
密度（g/cm³）		规定值±0.1[a]	
下垂度（mm，80℃），不大于		4	
低温柔性	温度（℃）	—10	—20
	柔性	无裂缝	
拉伸粘结性	最大抗拉强度（MPa）	0.02～0.15	
	最大延伸率（%），不小于	300	
浸水拉伸性	最大抗拉强度（MPa）	0.02～0.15	
	最大延伸率（%），不小于	250	
恢复率（%），不小于		80	
挥发率（%）[b]，不大于		3	

注：[a]规定值是指企业标准或产品说明书所规定的密度值。

　　[b]挥发率仅限于 G 型 PVC 接缝材料。

第四节　结果判定及处理

《地下防水工程质量验收规范》（GB 50208—2011）中关于材料进场检验结果判定要求如下：

材料的物理性能需检验项目，全部指标达到标准规定时，即为合格；若有一项指标不符合标准规定，应在受检产品中重新取样进行该项指标复验，复验结果符合标准规定，则判定该批材料为合格。

《屋面工程质量验收规范》（GB 50207—2012）中关于材料进场检验结果判定要求如下：

进场检验报告的全部项目指标均达到技术标准规定应为合格；不合格材料不得在工程中使用。

第十二章 装饰材料

第一节 取样要求

装饰材料进场后需要进行复验的材料种类及项目应符合《建筑装饰装修工程质量验收规范》（GB 50210—2001）中相关章节的规定。同一厂家生产的同一品种、同一类型的进场材料应至少抽取一组样品进行复验，当合同另有约定时应按合同执行。当国家规定或合同约定应对材料进行见证检测时，或对材料的质量发生争议时，应进行见证检测。

《建筑装饰装修工程质量验收规范》（GB 50210—2001）中关于材料进场检验要求如下：

一、门窗工程

门窗工程应对下列材料及其性能指标进行复验：
（1）人造木板的甲醛含量；
（2）建筑外墙金属窗、塑料窗的抗风压性能、空气渗透性能和雨水渗漏性能。

二、吊顶工程

吊顶工程应对人造木板的甲醛含量进行复验。

三、轻质隔墙工程

轻质隔墙工程应对人造木板的甲醛含量进行复验。

四、饰面板（砖）工程

饰面板（砖）工程应对下列材料及其性能指标进行复验：
（1）室内用花岗石的放射性；
（2）粘贴用水泥的凝结时间、安定性和抗压强度；
（3）外墙陶瓷面砖的吸水率；
（4）寒冷地区外墙陶瓷面砖的抗冻性。

外墙饰面砖粘贴前和施工过程中，均应在相同基层上做样板件，并对样板件的饰面砖粘结强度进行检验，其检验方法和结果判定应符合《建筑工程饰面砖粘结强度检验标准》（JGJ/T 110—2017）的规定。

五、幕墙工程

幕墙工程应对下列材料及其性能指标进行复验：
（1）铝塑复合板的剥离强度。

（2）石材的弯曲强度；寒冷地区石材的耐冻融性；室内用花岗石的放射性。

（3）玻璃幕墙用结构胶的邵氏硬度、标准条件拉伸粘结强度、相容性试验；石材用结构胶的粘结强度；石材用密封胶的污染性。

《河南省成品住宅装修工程技术规程》（DBJ41/T151—2015）中关于成品住宅装修工程所用材料、部品应有产品合格证书及相关性能的检测报告；同一厂家生产、同一规格、同时进场装修材料的有关安全等指标应进行现场抽样复验，进口产品应有出入境商品检验合格证明。主要材料复验项目应符合表 12-1 的要求。

成品住宅装修主要材料复验项目　　　表 12-1

序　号	材料名称		复检参数
1	腻子		粘结强度
2	粘贴用水泥		安定性、凝结时间、抗压强度
3	木材	人造木板、饰面人造板及其制品	含水率、胶合强度、甲醛释放量
		木（门、地板）	木材含水率、复合木地板耐磨性、甲醛释放量（实木地板除外）
4	建筑卫生陶瓷、石膏板、无机瓷质粘结材料		放射性
5	轻钢龙骨		镀锌层厚度、抗冲击性（墙体）
6	纸面石膏板		吸水率、断裂荷载、放射性
7	石材	陶瓷砖	吸水率、断裂模数、放射性、
		花岗石板材、大理石板材、人造石	吸水率、耐磨性、弯曲强度、放射性
8	安装材料	PP－R 给水管材	静液压试验
		电线	截面积、导体电阻
		电工套管	阻燃
		开关、插座	耐压、阻燃
9	防水材料	水泥基渗透结晶型防水涂料	氯离子含量、湿基面粘结强度、砂浆抗渗性能、混凝土抗渗性能
		聚合物水泥、聚合物乳液、聚氨酯防水涂料	拉伸强度、断裂延伸率、不透水性、低温柔性
		沥青基防水涂料	断裂伸长率、耐热度、不透水性、低温柔度
		高聚物改性沥青防水卷材	拉力、断裂延伸率、耐热度、低温柔性、不透水性
		合成高分子防水卷材	断裂拉伸强度、扯断伸长率、低温弯折、不透水性
		密封胶	拉伸粘结型、低温柔性

续表

序　号	材料名称		复检参数
10	内墙/木器涂料	溶剂型	施工性、涂膜外观、干燥时间、耐碱性、挥发性有机化合物（VOC）、苯、游离甲苯二异氰酸酯（TDI）、甲苯+乙苯+二甲苯
		水性	施工性、涂膜外观、耐洗刷性、耐碱性、游离甲醛
11	胶粘剂	溶剂型	粘结性、苯、甲苯+二甲苯、游离甲苯二异氰酸酯（聚氨酯类胶粘剂）、挥发性有机化合物（VOC）
		水性	粘结性、游离甲醛
12	绝热材料		导热系数、密度、吸水率

第二节　技术要求

一、陶瓷砖

1. 术语

挤压砖：将可塑性坯料以挤压方式生产的陶瓷砖。

干压砖：将混合好的粉料经压制成型的陶瓷砖。

瓷质砖：吸水率（E）不超过 0.5% 的陶瓷砖。

炻瓷砖：吸水率（E）大于 0.5%，不超过 3% 的陶瓷砖。

细炻砖：吸水率（E）大于 3%，不超过 6% 的陶瓷砖。

炻质砖：吸水率（E）大于 6%，不超过 10% 的陶瓷砖。

陶质砖：吸水率（E）大于 10% 的陶瓷砖。

吸水率（E）：干燥的单位质量的产品达到水饱和时所吸收的水的质量，用质量百分数表示。

2. 分类

按照陶瓷砖的成型方法和吸水率进行分类，见表 12-2。

陶瓷砖按成型方法和吸水率分类表　　　表 12-2

按吸水率（E）分类		低吸水率（Ⅰ类）		中吸水率（Ⅱ类）		高吸水率（Ⅲ类）
		$E\leqslant0.5\%$（瓷质砖）	$0.5\%<E\leqslant3\%$（炻瓷砖）	$3\%<E\leqslant6\%$（细炻砖）	$6\%<E\leqslant10\%$（炻质砖）	$E>10\%$（陶质砖）
按成型方法分类	挤压砖（A）	AⅠa类	AⅠb类	AⅡa类	AⅡb类	AⅢ类
		精细　普通	精细　普通	精细　普通	精细　普通	精细　普通
	干压砖（B）	BⅠa类	BⅠb类	BⅡa类	BⅡb类	BⅢ类[a]

注：[a] BⅢ类仅包括有釉砖。

137

3. 技术要求

挤压陶瓷砖的技术指标应符合《陶瓷砖》（GB/T 4100－2015）附录 A、附录 B、附录 C、附录 D、附录 E 对应产品相关要求。

干压陶瓷砖的技术指标应符合《陶瓷砖》（GB/T 4100－2015）附录 G、附录 H、附录 J、附录 K、附录 L 对应产品相关要求。

二、外墙涂料

《合成树脂乳液外墙涂料》（GB/T 9755－2014）将合成树脂乳液外墙涂料产品分为底漆、中涂漆和面漆三类。面漆按照使用要求分为优等品、一等品和合格品三个等级。底漆按照抗泛盐碱性和不透水性要求的高低分为 I 型和 II 型。

底漆应符合表 12-3 的要求。

底漆的要求   表 12-3

项　　目	指　　标	
	I 型	II 型
容器中状态	无硬块，搅拌后呈均匀状态	
施工性	涂刷无障碍	
低温稳定性	不变质	
涂膜外观	正常	
干燥时间（表干）（h），不大于	2	
耐碱性（48h）	无异常	
耐水性（96h）	无异常	
抗泛盐碱性	72h 无异常	48h 无异常
透水性（mL），不大于	0.3	0.5
与下道涂层的适应性	正常	

中涂漆应符合表 12-4 的要求。

中涂漆的要求   表 12-4

项　　目	指　　标
容器中状态	无硬块，搅拌后呈均匀状态
施工性	涂刷二道无障碍
低温稳定性	不变质
涂膜外观	正常
干燥时间（表干）（h），不大于	2
耐碱性[a]（48h）	无异常
耐水性[a]（96h）	无异常
涂层耐温变性[a]（3 次循环）	无异常
耐洗刷性（1000 次）	漆膜未损坏
附着力[a]（级），不大于	2
与下道涂层的适应性	正常

注：[a] 也可根据有关商定测试与底漆配套后的性能。

面漆应符合表 12-5 的要求。

面漆的要求　　　　　　　　　　　　　　　　　　　　表 12-5

项　目	指　标		
	合 格 品	一 等 品	优 等 品
容器中状态	无硬块，搅拌后呈均匀状态		
施工性	涂刷二道无障碍		
低温稳定性	不变质		
涂膜外观	正常		
干燥时间（表干）(h)，不大于	2		
对比率（白色和浅色），不小于	0.87	0.90	0.93
耐沾污性（白色和浅色）(%)，不大于	20	15	15
耐洗刷性（2000 次）	漆膜未损坏		
耐碱性[b]（48h）	无异常		
耐水性[b]（96h）	无异常		
涂层耐温变性[b]（3 次循环）	无异常		
透水性（mL），不大于	1.4	1.0	0.6
耐人工气候老化性[b]	250h 不起泡、不剥落、无裂纹	400h 不起泡、不剥落、无裂纹	600h 不起泡、不剥落、无裂纹
粉化（级），不大于	1	1	1
变色（白色和浅色[a]）（级），不大于	2	2	2
变色（其他色）（级）	商定	商定	商定

注：[a]浅色是指以白色涂料为主要成分，添加适量色浆后配制成的浅色涂料形成的涂膜所呈现的颜色。

　　[b]也可根据有关方商定测试与底漆配套后或与底漆和中涂漆配套后的性能。

三、内墙涂料

《合成树脂乳液内墙涂料》（GB/T 9756－2009）将产品分为两类：合成树脂乳液内墙底漆、合成树脂乳液内墙面漆。内墙面漆分为三个等级：合格品、一等品、优等品。

内墙底漆应符合表 12-6 的要求。

内墙底漆的要求　　　　　　　　　　　　　　表 12-6

项　目	指　标
容器中状态	无硬块，搅拌后呈均匀状态
施工性	刷涂无障碍
低温稳定性（3 次循环）	不变质
涂膜外观	正常
干燥时间（表干）（h），不大于	2
耐碱性（24h）	无异常
抗泛碱性（48h）	无异常

内墙面漆应符合表 12-7 的要求。

内墙面漆的要求　　　　　　　　　　　　　　表 12-7

项　目	指　标		
	合格品	一等品	优等品
容器中状态	无硬块，搅拌后呈均匀状态		
施工性	涂刷二道无障碍		
低温稳定性（3 次循环）	不变质		
涂膜外观	正常		
干燥时间（表干）（h），不大于	2		
对比率（白色和浅色[a]），不小于	0.90	0.93	0.95
耐碱性（24h）	无异常		
耐洗刷性（次），不小于	300	1000	5000

注：[a] 浅色是指以白色涂料为主要成分，添加适量色浆后配制成的浅色涂料形成的涂膜所呈现的颜色。

四、砂壁状涂料

《合成树脂乳液砂壁状建筑涂料》（JG/T 24—2000）中将砂壁状建筑涂料按用途分为 N 型、W 型。产品应符合表 12-8 规定的技术指标。

N 型：内用合成树脂乳液砂壁状建筑涂料。

W 型：外用合成树脂乳液砂壁状建筑涂料。

合成树脂乳液砂壁状建筑涂料技术指标　　　　　　　表 12-8

项　目	技　术　指　标	
	N 型（内用）	W 型（外用）
容器中状态	搅拌后无结块，呈均匀状态	
施工性	喷涂无困难	

续表

项 目		技 术 指 标	
		N型（内用）	W型（外用）
涂料低温贮存稳定性		3次试验后，无结块、凝聚及组成物的变化	
涂料热贮存稳定性		1个月试验后，无结块、霉变、凝聚及组成物的变化	
初期干燥抗裂性		无裂纹	
干燥时间（表干）（h）		≤4	
耐水性		—	96h涂层无起鼓、开裂、剥落，与未经浸泡部分相比，允许颜色轻微变化
耐碱性		48h涂层无起鼓、开裂、剥落，与未经浸泡部分相比，允许颜色轻微变化	96h涂层无起鼓、开裂、剥落，与未经浸泡部分相比，允许颜色轻微变化
耐冲击性		涂层无裂纹、剥落及明显变形	
涂层耐温变形ᵃ		—	10次涂层无粉化、开裂、剥落、起鼓，与标准板相比，允许颜色轻微变化
耐沾污性		—	5次循环试验后≤2级
粘结强度（MPa）	标准状态	≥0.70	
	浸水后	—	≥0.50
耐人工老化性		—	500h涂层无开裂、起鼓、剥落，粉化0级，变色≤1级

注：ᵃ涂层耐温变性即为涂层耐冻融循环性。

五、外墙腻子

《建筑外墙用腻子》（JG/T 157－2009）中按腻子膜柔韧性或动态开裂性指标分为三种类别：普通型、柔性、弹性。

普通型——普通型建筑外墙用腻子，适用于普通建筑外墙涂饰工程（不宜用于外墙外保温装饰工程）。

柔性——柔性建筑外墙用腻子，适用于普通外墙、外墙外保温等有抗裂要求的建筑外墙涂饰工程。

弹性——弹性建筑外墙用腻子，适用于抗裂要求较高的建筑外墙涂饰工程。

外墙用腻子的物理性能技术指标应符合表12-9的规定。

外墙用腻子的物理性能技术指标[a]　　　　　　　　　　表 12-9

项　　目		技术指标		
		普通型（P）	柔性（R）	弹性（T）
容器中状态		无结块、均匀		
施工性		刮涂无障碍		
干燥时间（表干）（h）		≤5		
初期干燥抗裂性（6h）	单道施工厚度≤1.5mm 的产品	1mm 无裂纹		
	单道施工厚度＞1.5mm 的产品	2mm 无裂纹		
打磨性		手工可打磨		—
吸水量（g/10min）		≤2.0		
耐碱性（48h）		无异常		
耐水性（96h）		无异常		
粘结强度（MPa）	标准状态	≥0.60		
	冻融循环（5次）	≥0.40		
腻子膜柔韧性[b]		直径 100mm，无裂纹	直径 50mm，无裂纹	—
动态抗开裂性（mm）	基层裂缝	≥0.04，＜0.8	≥0.08，＜0.3	≥0.3
低温贮存稳定性[c]		三次循环不变质		

注：[a]对于复合层腻子，复合制样后的产品应符合上述技术指标要求。

　　[b]低柔性及高柔性产品通过腻子膜柔韧性或动态抗开裂性两项之一即可。

　　[c]液态组分或膏状组分需测试此项指标。

六、室内用腻子

《建筑室内用腻子》（JG/T 298－2010）中将室内用腻子按适用特点分为三类：一般型、柔韧型、耐水型。

一般型—— 一般型室内用腻子，适用于一般室内装修工程。

柔韧型——适用于有一定抗裂要求的室内装修工程。

耐水型——适用于要求耐水、高粘结强度场所的室内装修工程。

室内用腻子的物理性能技术指标应符合表 12-10 的规定。

室内用腻子的物理性能技术指标　　　　　　　　　　表 12-10

项　　目	技术指标[a]		
	一般型（Y）	柔韧型（R）	耐水型（N）
容器中状态	无结块、均匀		
低温贮存稳定性[b]	三次循环不变质		
施工性	刮涂无障碍		

续表

项 目			技术指标[a]		
			一般型（Y）	柔韧型（R）	耐水型（N）
干燥时间（表干）（h）	单道施工厚度（mm）	<2	≤2		
		≥2	≤5		
初期干燥抗裂性（3h）			无裂纹		
打磨性			手工可打磨		
耐水性			—	4h无起泡、开裂及明显掉粉	48h无起泡、开裂及明显掉粉
粘结强度（MPa）	标准状态		>0.30	>0.40	>0.50
	浸水后		—	—	>0.30
柔韧性			—	直径100mm，无裂纹	—

注：[a] 在报告中给出 pH 实测值。
　　[b] 液态组分或膏状组分需测试此项指标。

七、天然花岗石建筑板材

《天然花岗石建筑板材》（GB/T 18601—2009）按用途将天然花岗石建筑板材分为一般用途和功能用途。其中，功能用途类花岗石建筑板材可用于结构承载用途和特殊功能要求。天然花岗石建筑板材的物理性能应符合表 12-11 的规定；工程对石材物理性能项目及指标有特殊要求的，按工程要求执行。

天然花岗石建筑板材的物理性能　　　　　　　　　　　　**表 12-11**

项 目		指 标	
		一般用途	功能用途
体积密度（g/cm³），不小于		2.56	2.56
吸水率（%），不大于		0.60	0.40
压缩强度（MPa），不小于	干燥	100	131
	水饱和		
弯曲强度（MPa），不小于	干燥	8.0	8.3
	水饱和		
耐磨性[a]（1/cm³），不小于		25	25

注：[a] 使用在地面、楼梯踏步、台面等严重踩踏或磨损部位的花岗石石材应检验此项。

八、天然大理石建筑板材

《天然大理石建筑板材》（GB/T 19766—2016）中要求天然大理石建筑板材的物理性

能应符合表 12-12 的规定。

天然大理石建筑板材的物理性能 表 12-12

项　目		指　标
镜向光泽度，不低于		70 光泽单位
体积密度（g/cm³），不小于		2.30
吸水率（%），不大于		0.50
干燥压缩强度（MPa），不小于		50.0
干燥	弯曲强度（MPa），不小于	7.0
水饱和		
耐磨度[a]（1/cm³），不小于		10

注：[a]为了颜色和设计效果，以两块或多块大理石组合拼接时，耐磨度差异应不大于 5，建议适用于经受严重踩踏的阶梯、地面和月台使用的石材耐磨度最小为 12。

第十三章　预应力混凝土空心板

第一节　概　　述

由于预应力混凝土空心板是属于先张法预应力混凝土预制构件，因此绝大部分产品是在混凝土构件厂内进行生产制作，生产厂应有严格的技术管理和质量体系。

根据《混凝土结构工程施工质量验收规范》(GB 50204—2015)，对于预制构件除控制其外观质量和尺寸偏差外，应进行结构性能检验。结构性能不合格的预制构件不得用于混凝土结构。

第二节　检验内容

预制构件应按标准图或设计要求的试验参数及检验指标进行结构性能检验。

检验内容：钢筋混凝土构件和允许出现裂缝的预应力混凝土构件进行承载力、挠度和裂缝宽度检验；不允许出现裂缝的预应力混凝土构件进行承载力、挠度和抗裂检验；预应力混凝土构件中的非预应力杆件按钢筋混凝土构件的要求进行检验。对设计成熟、生产数量较少的大型构件，当采取加强材料和制作质量检验的措施时，可仅做挠度、抗裂或裂缝宽度检验；当采取上述措施并有可靠的实践经验时，可不做结构性能检验。

注："加强材料和制作质量检验的措施"包括下列内容：

(1) 钢筋进场检验合格后，在使用前再对用做构件受力主筋的同批钢筋按不超过 5t 抽取一组试件，并经检验合格；对经逐盘检验的预应力钢丝，可不再抽样检查。

(2) 受力主筋焊接接头的力学性能，应按国家现行标准《钢筋焊接及验收规程》(JGJ 18—2012)检验合格后，再抽取一组试件，并经检验合格。

(3) 混凝土按 5m³ 且不超过半个工作班生产的相同配合比的混凝土，留置一组试件，并经检验合格。

(4) 受力主筋焊接接头的外观质量、入模后的主筋保护层厚度、张拉预应力总值和构件的截面尺寸等，应逐件检验合格。

第三节　抽检方法

检验数量：每批进场不超过 1000 个同类型预制构件为一批，在每批中应随机抽取一个构件进行检验。

注："同类型产品"是指同一钢种、同一混凝土强度等级、同一生产工艺和同一结构形式的构件。对同类型产品进行抽样检验时，试件宜从设计荷载最大、受力最不利或生产数量最多的构件中抽取。对同类型的其他产品，也应定期进行抽样检验。

一、承载力检验

按《混凝土结构设计规范》（GB 50010—2010）的规定进行检验时，应符合下式的要求：

$$r_u^o \geqslant r_o(r_u)$$

式中　r_u^o——构件承载力检验系数实测值，即试件的承载力检验荷载实测值与承载力检验荷载设计值（均包括自重）的比值；

r_o——结构重要性系数；

(r_u)——构件的承载力检验系数允许值。

二、挠度检验

按《混凝土结构设计规范》（GB 50010—2010）规定的挠度允许值进行检验时，应符合下式的要求：

$$a_s^o \leqslant (a_s)$$

式中　a_s^o——在正常使用短期荷载检验值下，构件跨中短期挠度实测值（mm）；

(a_s)——短期挠度允许值。

三、抗裂检验

构件的抗裂检验应符合下式的要求：

$$r_{cr}^o \geqslant (r_{cr})$$

式中　r_{cr}^o——构件的抗裂检验系数实测值，即试件的开裂荷载实测值与正常使用短期荷载检验值（均包括自重）的比值；

(r_{cr})——构件的抗裂检验系数允许值。

第十四章 建筑节能工程

第一节 概　述

《建筑节能工程施工质量验收规范》（GB 50411—2007）第 3.2.2 条明确规定："对材料和设备应按照本规范附录 A 及各章的规定在施工现场抽样复验。复验应为见证取样送检。"

建筑节能工程见证取样复验分为九部分：

（1）墙体节能工程；

（2）幕墙节能工程；

（3）门窗节能工程；

（4）屋面节能工程；

（5）地面节能工程；

（6）采暖节能工程；

（7）通风与空调节能工程；

（8）空调与采暖系统冷、热源及管网节能工程；

（9）配电与照明节能工程。

第二节　技　术　要　求

下面针对每个分项工程在材料进场时见证取样的抽样批次、抽样数量、检验项目加以概述。

一、墙体节能工程

墙体节能工程中使用的材料包括三大类：保温材料、粘结材料和增强网。

墙体节能工程采用的保温材料和粘结材料等，进场时应对其下列性能进行复验，复验应为见证取样送检。

见证取样检查数量要求：同一厂家同一品种的产品，当单位工程建筑面积在 20000㎡以下时，各类材料抽查不少于 3 次；当单位工程建筑面积在 20000㎡以上时，各类材料抽查不少于 6 次。

1. 保温材料

（1）样品

板类保温材料和浆料类保温材料。不同类保温材料，样品的制作方式不同。板类保温材料现场随机抽取样品送检，浆料类保温材料应在施工中制作同条件养护试件，然后把养护到期的试件送至检测机构检测。

（2）复验项目

用于墙体节能工程板类保温材料需要复验导热系数、密度、抗压强度或压缩强度；保温隔热材料燃烧性能应符合设计要求。

2. 粘结材料

（1）样品

粘结材料分为用于粘结的粘结砂浆和用于抹面的抹面砂浆。

（2）复验项目

粘结材料的粘结强度。

3. 增强网

（1）样品

增强网包括耐碱玻璃纤维网格布和热镀锌电焊网。

（2）复检项目

增强网的力学性能、抗腐蚀性能。

二、幕墙节能工程

幕墙节能工程使用材料包括保温材料、幕墙玻璃和隔热型材。

见证取样检查数量要求：同一厂家的同一种产品抽查不少于一组。

1. 保温材料

保温材料的复检项目包括导热系数和密度；燃烧性能应符合设计要求。

2. 幕墙玻璃

幕墙玻璃的复检项目包括可见光透射比、传热系数、遮阳系数、中空玻璃露点。

3. 隔热型材

隔热型材的复检项目包括抗拉强度和抗剪强度。

三、门窗节能工程

建筑外窗进入施工现场时，应按地区类别对其下列性能进行复验，复验应为见证取样送检：

（1）严寒、寒冷地区：气密性、传热系数和中空玻璃露点。

（2）夏热冬冷地区：气密性、传热系数、玻璃遮阳系数、可见光透射比、中空玻璃露点。

（3）夏热冬暖地区：气密性、玻璃遮阳系数、可见光透射比、中空玻璃露点。

检验方法：进场时抽样复验，验收时核查复验报告。

见证取样检查数量：同一厂家的同一种产品抽查不少于一次，每次抽查3樘。

四、屋面节能工程

屋面节能工程使用的保温隔热材料，进场时应对其导热系数、密度、抗压强度或压缩强度、燃烧性能进行复验，复验应为见证取样送检。

检验方法：随机抽样送检，核查复验报告。

检查数量：同一厂家同一品种的产品各抽查不少于 3 组。

五、地面节能工程

地面节能工程采用的保温材料，进场时应对其导热系数、密度、抗压强度或压缩强度、燃烧性能进行复验，复验应为见证取样送检。

检验方法：随机抽样送检，核查复验报告。

检查数量：同一厂家同一品种的产品各抽查不少于 3 组。

六、采暖节能工程

采暖系统节能工程采用的散热器和保温材料等进场时，应对其下列技术性能参数进行复验，复验应为见证取样送检。

（1）散热器的单位散热量、金属热强度；

（2）保温材料的导热系数、密度、吸水率。

检验方法：随机抽样送检，核查复验报告。

检验数量：同一厂家、同一规格的散热器按其数量的 1‰ 进行见证取样送检，但不少于 2 组；同一厂家同材质的保温材料见证取样送检次数不得少于 2 次。

七、通风与空调节能工程

风机盘管机组和绝热材料进场时，应对其下列主要性能参数进行复验，复验应为见证取样送检。

（1）风机盘管机组的供冷量、供热量、风量、出口静压、噪声及功率；

（2）绝热材料的导热系数、密度、吸水率。

检验方法：现场随机抽样送检；核查复验报告。

检查数量：同一厂家的风机盘管机组按数量复验 2%，但不得少于 2 台；同一厂家同材质的绝热材料复验次数不得少于 2 次。

八、空调与采暖系统冷热源及管网节能工程

空调与采暖系统冷热源及管网节能工程的绝热管道、绝热材料进场时，应对绝热材料的导热系数、密度、吸水率等技术参数进行见证取样复验，复验应为见证取样送检。

检验方法：现场随机抽样送检；核查复验报告。

检查数量：同一厂家同材质的绝热材料复验次数不得少于 2 次。

九、配电与照明节能工程

低压配电系统选择的电缆、电线进场时应对其截面和每芯导体电阻值进行见证取样送检。

检验方法：进场时抽样送检，验收时核查检验报告。

检查数量：同厂家各种规格总数的 10%，且不应少于 2 个规格。

《屋面工程质量验收规范》（GB 50207—2012）中关于屋面保温材料进场检验项目应符合表 14-1 的规定。

屋面保温材料进场检验项目

表 14-1

序 号	材 料 名 称	组批及抽样	物理性能检验
1	模塑聚苯乙烯泡沫塑料	同规格按 100m³ 为一批，不足 100m³ 的按一批计。 在每批产品中随机抽取 20 块进行规格尺寸和外观质量检验。从规格尺寸和外观质量检验合格的产品中，随机取样进行物理性能检验	表观密度、压缩强度、导热系数、燃烧性能
2	挤塑聚苯乙烯泡沫塑料	同类型、同规格按 50 m³ 为一批，不足 50 m³ 的按一批计。 在每批产品中随机抽取 10 块进行规格尺寸和外观质量检验。从规格尺寸和外观质量检验合格的产品中，随机取样进行物理性能检验	压缩强度、导热系数、燃烧性能
3	硬质聚氨酯泡沫塑料	同原料、同配方、同工艺条件按 50m³ 为一批，不足 50 m³ 的按一批计。 在每批产品中随机抽取 10 块进行规格尺寸和外观质量检验。从规格尺寸和外观质量检验合格的产品中，随机取样进行物理性能检验	表观密度、压缩强度、导热系数、燃烧性能
4	泡沫玻璃绝热制品	同品种、同规格按 250 件为一批，不足 250 件的按一批计。 在每批产品中随机抽取 6 个包装箱，每箱各抽 1 块进行规格尺寸和外观质量检验。从规格尺寸和外观质量检验合格的产品中，随机取样进行物理性能检验	表观密度、抗压强度、导热系数、燃烧性能
5	膨胀珍珠岩制品（憎水性）	同品种、同规格按 2000 块为一批，不足 2000 块的按一批计。 在每批产品中随机抽取 10 块进行规格尺寸和外观质量检验。从规格尺寸和外观质量检验合格的产品中，随机取样进行物理性能检验	表观密度、抗压强度、导热系数、燃烧性能
6	加气混凝土砌块	同品种、同规格、同等级按 200m³ 为一批，不足 200m³ 的按一批计。 在每批产品中随机抽取 50 块进行规格尺寸和外观质量检验。从规格尺寸和外观质量检验合格的产品中，随机取样进行物理性能检验	干密度、抗压强度、导热系数、燃烧性能
7	泡沫混凝土砌块		干密度、抗压强度、导热系数、燃烧性能

序 号	材 料 名 称	组批及抽样	物理性能检验
8	玻璃棉、岩棉、矿渣棉制品	同原料、同工艺、同品种、同规格按 1000m² 为一批，不足 1000m² 的按一批计。 在每批产品中随机抽取 6 个包装箱或卷进行规格尺寸和外观质量检验合格的产品中，抽取 1 个包装箱或卷进行物理性能检验	表观密度、导热系数、燃烧性能
9	金属面绝热夹芯板	同原料、同生产工艺、同厚度按 150 块为一批，不足 150 块的按一批计。 在每批产品中随机抽取 5 块进行规格尺寸和外观质量检验，从规格尺寸和外观质量检验合格的产品中，随机抽取 3 块进行物理性能检验	剥离性能、抗弯承载力、防火性能

第十五章 建筑地基基础工程

第一节 概 述

地基工程检测包括设计前为设计提供依据的试验检测、施工过程的质量检验以及施工后为验收提供依据的各种工程检测。具体来讲，地基检测是在现场采用一定的技术方法，对建筑地基性状、设计参数、地基处理的效果进行的试验、测试、检验，以评价地基性状的活动。地基检测的主要内容是承载力特征值试验、变形参数（变形模量和压缩模量）指标测定，地基施工质量和复合地基增强体桩身质量的评价。工程中常见的地基有天然地基和人工地基，根据不同地基的种类特点，可采用地基载荷试验、标准贯入试验、圆锥动力触探试验、静力触探试验、十字板剪切试验、低应变法试验、水泥土钻芯试验、扁铲侧胀试验、多道瞬态面波试验等来判定地基承载力和变形参数。总体来讲，地基检测应根据检测对象情况，选择深浅结合、点面结合、载荷试验和其他原位测试结合的多种试验方法综合检测。

在地基基础工程里，桩基是国内应用最为广泛的一种基础形式，桩基础构造形式不同于条形基础、独立基础和满堂基础，因此也形成了适合自己特有的检测技术。基桩检测包括桩的承载力检测和桩身完整性检测。桩的承载力检测包括单桩竖向抗压承载力、单桩竖向抗拔承载力和单桩水平承载力，常用静载荷试验方法进行测试，对于满足一定条件下的工程桩，其单桩竖向抗压承载也可采用高应变法检测。桩身完整性检测可采用钻芯法、低应变法、高应变法、声波透射法。桩基工程除应在工程桩施工前和施工后进行基桩检测外，尚应根据工程需要，在施工的过程中进行相关质量的检测与监测。

此外，除上述主要检测项目外，地基基础工程中所涉及的其他重要原材料（石灰、水泥、粉煤灰、砂石、钢材等）以及地基处理过程中相关土工试验检测项目（压实系数、石灰水泥剂量等）均应按相应的国家现行规范进行检测，这在本书其他对应章节中均有介绍。

第二节 依 据 标 准

（1）《建筑地基检测技术规范》（JGJ 340—2015 ）；
（2）《建筑基桩检测技术规范》（JGJ 106—2014）；
（3）《建筑地基处理技术规范》（JGJ 79—2012）；
（4）《建筑地基基础工程施工质量验收规范》（GB 50202—2002）。

第三节　抽 样 要 求

一、基桩检测

（1）为设计提供依据的试验桩检测应根据设计确定基桩的受力状态，采用相应的**静载**试验方法确定单桩极限承载力，检测数量应满足设计要求，且在同一条件下不应少于 3 根；当预计工程桩总数量小于 50 根时，检测数量不应少于 2 根。

（2）打入式预制桩有下列要求之一时，应采用高应变法进行试打桩的打桩过程监测。在相同施工工艺和相近地基条件下，试打桩数量不应少于 3 根。

1）控制打桩过程中的桩身应力。

2）确定沉桩工艺参数。

3）选择沉桩设备。

4）选择桩端持力层。

（3）混凝土桩的桩身完整性检测方法选择，应符合概述要求；当一种检测方法不能完全评价基桩完整性时，应采用两种或两种以上的检测方法，检测数量应符合下列规定：

1）建筑桩基设计等级为甲级，或地基条件复杂、成桩质量可靠性较低的灌注桩工程，检测数量不应少于总桩数量的 30％，且不应少于 20 根；其他桩基工程，检测数量不应少于总桩数的 20％，且不应少于 10 根。

2）除符合本条上款规定外，每个桩下承台检测桩数不应少于 1 根。

3）大直径嵌岩灌注桩或者设计等级为甲级的大直径灌注桩，应在上述规定的检测桩数范围内，按不少于总桩数 10％的比例采用声波透射法或钻芯法检测。

4）当符合《建筑基桩检测技术规范》（JGJ 106—2014）第 3.2.6 条第 1、2 款规定的桩数较多，或者为了全面了解整个工程基桩的桩身完整性情况时，宜增加检测数量。

（4）当符合下列条件之一时，应采用单桩竖向抗压承载力静载试验进行验收检测。抽检数量不应少于同一条件下桩基分项工程总桩数的 1％，且不少于 3 根；当总桩数在 50 根以内时，不应少于 2 根。

1）设计等级为甲级的桩基。

2）施工前未按上述条件进行单桩静载试验的工程。

3）施工前进行了单桩静载试验，但施工过程中变更了工艺参数或施工质量出现了异常。

4）地基条件复杂、桩施工质量可靠性低。

5）本地区采用的新桩型或新工艺。

6）施工过程中产生挤土上浮或偏位的群桩。

（5）满足高应变法适用检测范围的灌注桩，可采用高应变法进行单桩竖向抗压承载力验收检测。当有本地区相近条件的对比验证资料时，高应变法也可作为上述规定条件下单桩竖向抗压承载力验收检测的补充。抽检数量不宜少于总桩数的 5％，且不得少于 5 根。

（6）对于端承型大直径灌注桩，当受设备或现场条件限制无法检测单桩竖向抗压承载力时，可采用钻芯法测定桩底沉渣厚度并钻取桩端持力层岩土芯样检验桩端持力层。抽检数量不应少于总桩数的 10%，且不应少于 10 根。

（7）采用深层平板荷载试验或岩基平板荷载试验，检测应符合国家现行标准《建筑地基基础设计规范》（GB 50007—2011）和《建筑桩基技术规范》（JGJ 94—2008）的有关规定，检测数量不应少于总桩数的 1%，且不应少于 3 根。

（8）对设计有拔力和水平力要求的桩基，应进行单桩竖向抗拔、水平承载力检测。检测数量不应少于总桩数的 1%，且不应少于 3 根。当总桩数在 50 根以内时，不应少于 2 根。

（9）当需要进行验证与扩大检测时，应按下面规定进行：

1）单桩竖向抗压承载力验证应采用单桩竖向抗压静载试验。

2）桩身浅部缺陷可采用开挖验证。

3）桩身或接头存在裂隙的预制桩可采用高应变法验证，管桩可采用孔内摄像的方法验证。

4）单孔钻芯检测发现桩身混凝土存在质量问题时，宜在同一基桩增加钻孔验证，并根据前、后钻芯结果对受检桩重新评价。

5）对低应变法检测中不能明确桩身完整性类别的桩或Ⅲ、Ⅳ类桩存在，且检测数量覆盖的范围不能为补强或设计变更方案提供可靠依据时，宜采用原检测方法，在未检桩中继续扩大检测。当原检测方法为声波透射法时，可改用钻芯法。

二、地基工程检测

（1）土（岩）地基载荷试验的检测数量应符合下列要求：单位工程检测数量为每 500m² 不应少于 1 点，且总点数不应少于 3 点；复杂场地或重要建筑地基应增加检测数量；地基土荷载试验的加载方式应采用慢速维持荷载法。

（2）复合地基荷载试验的检测数量应符合下列规定：单位工程检测数量不应少于总桩数的 0.5%，且不应少于 3 点；复合地基载荷试验的加载应采用慢速维持荷载法。

（3）采用标准贯入试验对处理地基土质量进行验收检测时，单位工程检测数量不应少于 10 点，当面积超过 3000 m² 应每 500 m² 增加 1 点。检测同一土层的试验有效数据不应少于 6 个。

（4）采用圆锥动力触探试验对处理地基土质量进行验收检测时，单位工程检测数量不应少于 10 点，当面积超过 3000 m² 应每 500 m² 增加 1 点。检测同一土层的试验有效数据不应少于 6 个。

（5）采用静力触探试验，对处理地基土质量进行验收检测时，单位工程检测数量不应少于 10 点，检测同一土层的试验有效数据不应少于 6 个。

（6）十字板剪切试验适用于饱和软黏性土天然地基及其人工地基的不排水抗剪强度和灵敏度试验。对处理地基土质量进行验收检测时，单位工程检测数量不应少于 10 点，检测同一土层的试验有效数据不应少于 6 个。

（7）水泥土钻芯法适用于检测水泥土桩的桩长、桩身强度和均匀性，判定或鉴别桩底持力层岩土性状。水泥土钻芯法试验数量单位工程不应少于 0.5%，且不应少于 3 根。当桩长大于等于 10 m 时，桩身强度抗压芯样试件按每孔不少于 9 个截取，桩体三等分段各取 3 个；当桩长小于 10 m 时，桩身强度抗压芯样试件按每孔不少于 6 个截取，桩体二等分段各取 3 个。水泥土桩取芯时龄期应满足设计要求。

（8）扁铲侧胀试验适用于判定黏性土、粉土和松散—中密的砂土预压地基和注浆加固地基的承载力和变形参数。对处理地基土质量进行验收检测时，单位工程检测数量不应少于 10 点，检测同一土层的试验有效数据不应少于 6 个。采用扁铲侧胀试验判定地基的承载力和变形参数，应结合单位工程载荷试验比对结果进行。

对于土地基、砂和砂石地基、土工合成材料地基、粉煤灰地基、强夯地基、注浆地基、预压地基，其竣工后的结果（地基强度或承载力）必须达到设计要求的标准。检验数量，每单位工程不应少于 3 点，1000 m^2 以上工程，每 100 m^2 至少应有 1 点，3000 m^2 以上工程，每 300 m^2 至少应有 1 点。每一独立基础下至少应有 1 点，基槽每 20 延米应有 1 点。

对水泥土搅拌复合地基、高压喷射注浆桩复合地基、砂桩地基、振冲桩复合地基、土和灰土挤密桩复合地基、水泥粉煤灰碎石桩复合地基及夯实水泥土桩复合地基，其承载力检验，数量为总数的 0.5%～1%，但不应少于 3 处。有单桩强度检验要求时，数量为总数的 0.5%～1%，但不应少于 3 根。

第四节　技术要求

一、基桩承载力检测

基桩承载力常用静载荷试验方法进行测试，当采用高应变法进行竖向抗压承载力检测时，应遵守相应的限制条件。基桩承载力检测前的休止时间应满足以下要求：砂土 7d 以上，粉土 10d 以上，非饱和黏性土 15d 以上，饱和黏性土 25d 以上，对于泥浆护壁灌注桩宜延长休止时间。

试桩、锚桩（压重平台支墩边）和基准桩之间的中心距离，应符合表 15-1 的规定。当试桩或锚桩为扩底桩或多支盘桩时，试桩与锚桩的中心距不应小于 2 倍扩大端直径。软土场地压重平台堆载重量较大时，宜增加支墩边与基准桩中心和试桩中心之间的距离，并在试验过程中观测基准桩的竖向位移。

试桩、锚桩（压重平台支墩边）和基准桩之间的中心距离　　　　表 15-1

反力装置	距离		
	试桩中心与锚桩中心（或压重平台支墩边）	试桩中心与基准桩中心	基准桩中心与锚桩中心（或压重平台支墩边）
锚桩横梁	≥4（3）D 且>2.0m	≥4（3）D 且>2.0m	≥4（3）D 且>2.0m
压重平台	≥4（3）D 且>2.0m	≥4（3）D 且>2.0m	≥4（3）D 且>2.0m
地锚装置	≥4D 且>2.0m	≥4（3）D 且>2.0m	≥4D 且>2.0m

注：1. D 为试桩、锚桩或地锚的设计直径或边宽，取其较大者。

2. 括号内数值可用于工程桩验收检测时多排桩设计桩中心距离小于 4D 或压重平台支墩下 2～3 倍宽影响范围内的地基土已进行加固处理的情况。

二、桩身完整性检测

桩身完整性检测可采用钻芯法、低应变法、高应变法和声波透射法，宜采用多种方法同时检测综合分析，按表 15-2 进行评价分类。

桩身完整性类别分类原则　　　　　　　　　　　　　　　表 15-2

桩身完整性类别	分类原则
Ⅰ类桩	桩身完整
Ⅱ类桩	桩身有轻微缺陷，不会影响桩身结构承载力的正常发挥
Ⅲ类桩	桩身有明显缺陷，对桩身结构承载力有影响
Ⅳ类桩	桩身存在严重缺陷

钻芯法适用于检测混凝土灌注桩，当采用钻芯法检测时，受检桩的混凝土龄期应达到 28d，或受检桩同条件养护试件强度达到设计强度要求。芯样试件截取与加工应符合以下要求：

（1）当桩长小于 10m 时，每孔可截取 2 组芯样，当桩长为 10～30m 时，每孔截取 3 组芯样；当桩长大于 30m 时，每孔截取不少于 4 组。

（2）上部芯样位置距桩顶设计标高不宜大于 1 倍桩径或超过 2m，下部芯样位置距桩底不宜大于 1 倍桩径或超过 2m，中间芯样宜等间距截取。

（3）缺陷位置能取样时，应截取 1 组芯样进行混凝土抗压试验。

（4）当同一基桩的钻芯孔数大于 1 个，其中一孔在某深度存在缺陷时，应在其他孔的该深度处截取 1 组芯样进行混凝土抗压试验。

桩身完整性类别应结合钻芯孔数、现场混凝土芯样特征、芯样试件抗压强度试验结果，按表 15-2 和《建筑基桩检测技术规范》（JGJ 106—2014）中表 7.6.3 所列特征进行综合判定。

低应变法适用于检测混凝土桩的桩身完整性，判定桩身缺陷的程度及位置，本方法的有效检测桩长范围应通过现场试验确定。当采用低应变法检测时，受检桩混凝土强度至少达到设计强度的 70%，且不低于 15MPa；桩头的材质、强度应与桩身相同，桩头的截面尺寸不宜与桩身有明显差异；桩顶面应平整、密实，并与桩轴线垂直。

桩身完整性类别应结合缺陷出现的深度、测试信号衰减特性以及设计桩型、成桩工艺、地质条件、施工情况，按表 15-3 和《建筑基桩检测技术规范》（JGJ 106—2014）表 8.4.3 所列实测时域或幅频信号特征进行综合分析判定。

高应变法适用于检测基桩的竖向抗压承载力和桩身完整性。在采用此方法进行检测时，应注意以下几点：高应变检测专用锤击设备应具有稳固的导向装置，重锤应形状对称，高径（宽）比不得小于 1；采用高应变法进行承载力检测时，锤的重量与单桩竖向抗压承载力特征值的比值不得小于 0.02；高应变实测的力和速度信号第一峰起始段不成比例时，不得对实测力和速度信号进行调整。采用高应变法进行桩身完整性判定时，应对实测曲线进行拟合，然后计算桩身完整性系数 β，根据表 15-3 进行判定。

桩身完整性判定

桩 身 完 整 性 类 别	β 值
Ⅰ类桩	$\beta=1.0$
Ⅱ类桩	$0.8 \leqslant \beta < 1.0$
Ⅲ类桩	$0.6 \leqslant \beta < 0.8$
Ⅳ类桩	$\beta < 0.6$

声波透射法适用于混凝土灌注桩的桩身完整性检测，判定桩身缺陷的位置、范围和程度。对于桩径小于 0.6m 的桩，不宜采用本方法进行桩身完整性检测。当出现以下情况时，不得采用本方法对整桩的桩身完整性进行评定：（1）声测管未沿桩身通长配置；（2）声测管堵塞导致检测数据不全；（3）声测管埋设数量不符合《建筑基桩检测技术规范》（JGJ 106—2014）要求。桩身完整性类别应结合桩身缺陷处声测线的声学特征、缺陷的空间分布范围，按表 15-3 和《建筑基桩检测技术规范》（JGJ 106—2014）表 10.5.11 所列特征进行综合判定。

三、地基检测

1. 地基载荷试验

根据地基的分类，地基载荷试验可分成三大类，即土（岩）地基载荷试验、单桩及多桩复合地基载荷试验、竖向增强体载荷试验。

土（岩）地基载荷试验分为浅层平板载荷试验、深层平板载荷试验和岩基载荷试验。工程验收检测的平板载荷试验最大加载量不应小于设计承载力特征值的 2 倍，岩石地基载荷试验最大加载量不应小于设计承载力特征值的 3 倍；为设计提供依据的载荷试验应加载至极限状态。试验用的承压板可采用圆形、正方形钢板或者钢筋混凝土板，浅层平板载荷试验承压板面积不应小于 0.25m²，换填垫层和压实地基承压板面积不应小于 1.0m²，强夯地基承压板面积不小于 2.0m²。深层平板载荷试验的承压板直径不应小于 0.8m。岩基载荷试验的承压板直径不应小于 0.3m。在进行试坑和试井准备阶段，浅层平板载荷试验的试坑宽度或直径不应小于承压板边宽或直径的 3 倍。深层平板载荷试验的试井直径宜等于承压板直径，当试井直径需要大于承压板直径时，紧靠承压板周围土的高度不应小于承压板直径。现场正式试验前，应进行预压，预压荷载为最大加载量的 5%，预压时间宜为 5min。试验加卸载及分级方式应按照《建筑地基检测技术规范》（JGJ 340—2015）中规定的进行。试验过程中的数据，经绘制分析曲线后，按相对变形值确定天然地基以及人工地基的承载力特征值。

复合地基载荷试验适用于水泥土搅拌桩、砂石桩、旋喷桩，夯实水泥土桩、水泥粉煤灰碎石桩、混凝土桩、树根桩、灰土桩、柱锤冲扩桩及强夯置换墩等竖向增强体和周边地基土组成的复合地基的单桩复合地基和多桩复合地基载荷试验。复合地基载荷试验承压板底面标高应与设计要求标高相同。工程验收检测载荷试验最大加载量不应小于设计承载力特征值的 2 倍，为设计提供依据的载荷试验应加载至复合地基达到相应规范的破坏状态。单桩复合地基载荷试验的承压板可采用圆形或者正方形，面积为单根桩承担的处理面积；多桩复合地基载荷试验的承压板可用正方形或矩形，其尺寸按实际桩数所承担的处理面积确定，承压板宜采用预制或现场制作并应具有足够的刚度。现场正式试验前，应进行预压，预压荷载为最大加载量的 5％，预压时间宜为 5min。试验加卸载及分级方式应按照《建筑地基检测技术规范》（JGJ 340—2015）中规定的进行。试验过程中的数据，经绘制分析曲线后，按相对变形值确定复合地基承载力特征值。

竖向增强体载荷试验适用于确定水泥土搅拌桩、旋喷桩、夯实水泥土桩、水泥粉煤灰碎石桩、混凝土桩、树根桩、强夯置换墩等复合地基竖向增强体的竖向承载力。工程验收检测载荷试验最大加载量不应小于设计承力特征值的 2 倍；为设计提供依据的载荷试验应加载至极限状态。试验增强体、压重平台支墩边和基准桩之间的中心距离应符合表 15-4 的规定。

增强体、压重平台支墩边和基准桩之间的中心距离 表 15-4

增强体中心与 压重平台支墩边	增强体中心与 基准桩中心	基准桩中心与 压重平台支墩边
≥4D 且>2.0m	≥3D 且>2.0m	≥4D 且>2.0m

注：1. D 为增强体直径（m）。

2. 对于强夯置换墩或大型荷载板，可采用逐级加载试验，不用反力装置，具体试验方法参考结构楼面荷载试验。

试验前应对增强体的桩头进行处理，水泥粉煤灰碎石桩、混凝土桩等强度较高的桩宜在桩顶设置带水平钢筋网片的混凝土桩帽或采用钢护筒桩帽，加固桩头前应凿成平面，混凝土宜提高强度等级和采用早强剂，桩帽高度不宜小于一倍桩的直径，桩帽下桩顶标高及地基土标高应与设计标高一致。试验加卸载及分级方式应按照《建筑地基检测技术规范》（JGJ 340—2015）中规定的进行。试验过程中的数据，经绘制分析曲线后，按照《建筑地基检测技术规范》（JGJ 340—2015）确定竖向增强体的极限承载力，竖向增强体承载力特征值应按极限承载力的一半取值。

2. 其他地基检测技术

除上述常见的载荷试验检测，在地基检测技术中还有标准贯入试验、圆锥动力触探试验、静力触探试验、十字板剪切试验、低应变法试验、水泥土钻芯试验、扁铲侧胀试验、多道瞬态面波试验等，这些原位测试技术多用来检测岩土性状、地基处理质量和效果以及增强体桩身质量。在地基检测中，宜先采用原位测试试验进行普查，然后有针对性地进行载荷试验，然后与载荷试验结果进行比对。

在地基检测中，上述所有的检测方法均有其适用范围和局限性，表 15-5 为各种检测方法的适用范围。在选择检测方法时，不仅要考虑其适用范围，还应考虑其实际实施的可能性，结合设计要求和工程重要性以及施工方法采取合理有效的检测手段。

建筑地基检测方法适用范围 表 15-5

地基类型 \ 检测方法	土（岩）地基载荷试验	复合地基载荷试验	竖向增强体载荷试验	标准贯入试验	圆锥动力触探试验	静力触探试验	十字板剪切试验	水泥土钻芯试验	低应变法试验	扁铲侧胀试验	多道瞬态面波试验
天然土地基	○	×	×	○	○	○	△	×	×	○	○
天然岩土地基	○	×	×	×	○	×	×	○	×	×	△

地基类型		土（岩）地基载荷试验	复合地基载荷试验	竖向增强体载荷试验	标准贯入试验	圆锥动力触探试验	静力触探试验	十字板剪切试验	水泥土钻芯试验	低应变法试验	扁铲侧胀试验	多道瞬态面波试验
换填垫层		○	×	×	○	○	△	×	×	×	△	○
预压地基		○	×	×	△	△	○	○	×	×	○	△
压实地基		○	×	×	○	○	○	×	×	×	×	△
夯实地基		○	△	△	○	○	○	×	×	×	×	○
挤密地基		○	×	×	△	○	○	×	×	×	△	△
复合地基	砂石桩	×	○	×	△	○	×	×	×	×	×	×
	水泥搅拌桩	×	○	○	△	△	×	×	○	×	×	×
	旋喷桩	×	○	○	△	△	×	×	○	×	×	×
	灰土桩	×	○	○	△	△	×	×	△	×	×	×
	夯实水泥土桩	×	○	○	△	△	×	×	○	×	×	×
	水泥粉煤灰碎石桩	×	○	○	×	×	×	×	×	○	×	×
	柱锤冲扩桩	×	○	○	×	×	×	×	×	×	×	△
	多桩型	×	○	○	×	×	×	×	△	○	×	×
	注浆加固地基	○	△	×	△	△	△	△	△	△	×	△
	微桩型	×	○	○	×	×	×	×	×	△	×	×

注：表中符号○表示比较适用，△表示基本适用，×表示不适用。

第十六章 主体结构工程

第一节 混凝土结构现场检测

一、概述

混凝土结构由于自身的优点，已经成为现代建筑结构的一种主要结构形式。混凝土结构是以混凝土为主要材料的建筑结构形式，包括素混凝土结构、钢筋混凝土结构、预应力混凝土结构，按施工方法可分为现浇混凝土结构和装配式混凝土结构。

混凝土结构现场检测应分为工程质量检测和结构性能检测，当遇到下列情况应进行工程质量的检测：（1）涉及结构工程质量的试块、试件以及有关材料检验数量不足；（2）对结构实体质量的抽测结果达不到设计要求或施工验收规范要求；（3）对结构实体质量有争议；（4）发生工程质量事故，需要分析事故原因；（5）相关标准规定进行的工程质量第三方检测；（6）相关行政主管部门要求进行的工程质量第三方检测。当遇到下列情况之一时，宜进行结构性能检测：（1）混凝土结构改变用途、改造、加层或扩建；（2）混凝土结构达到设计使用年限要继续使用；（3）混凝土结构使用环境改变或受到环境侵蚀；（4）混凝土结构受偶然事件或其他灾害的影响；（5）相关法规、标准规定的结构使用期间的鉴定。混凝土结构现场的检测项目包括混凝土力学性能、混凝土耐久性、混凝土有害物质含量、混凝土构件尺寸偏差、混凝土构件缺陷、混凝土钢筋检测、荷载试验以及其他特种参数检测。对涉及混凝土结构安全的有代表性的部位应进行结构实体检验，结构实体检测应包括混凝土强度、钢筋保护层厚度、结构位置与尺寸偏差以及合同约定的项目，必要时可以检验其他项目。结构实体检验应由监理工程师组织并见证，混凝土强度、钢筋保护层厚度应由具有相应资质的检测机构完成，结构位置与尺寸偏差可由专业检测机构完成，也可由监理单位组织施工单位完成。

混凝土标准试件的抗压强度是混凝土的主要质量指标，当未取得同条件养护试件强度，同条件养护强度不符合要求或者是混凝土试件缺乏代表性时，要反映结构混凝土的实体质量就必须采用从结构中钻取试样的方法，或采用非破损的方法来对结构混凝土进行检测。目前我国使用较多的是回弹法、超声回弹综合法和钻芯法检测结构混凝土强度。结构混凝土钢筋保护层厚度直接影响结构混凝土的工程质量，钢筋保护层厚度检验可采用非破损或剔凿原位检测法，宜采用非破损方法并用剔凿原位检测法进行验证。

二、依据标准

（1）《混凝土结构现场检测技术标准》（GB/T 50784—2013）；
（2）《建筑结构检测技术标准》（GB/T 50344—2004）；

（3）《混凝土结构工程施工质量验收规范》（GB 50204—2015）；

（4）《回弹法检测混凝土抗压强度技术规程》（JGJ/T 23—2011）；

（5）《超声回弹综合法检测混凝土强度技术规程》（CECS 02—2005）；

（6）《钻芯法检测混凝土强度技术规程》（JGJ/T 384—2016）；

（7）《钻芯法检测混凝土强度技术规程》（CECS 03—2007）；

（8）《混凝土中钢筋检测技术规程》（JGJ/T 152—2008）。

三、抽样要求

1. 回弹法

（1）批量抽样：对于混凝土生产工艺、强度等级相同，原材料、配合比、养护条件基本一致且龄期相近的一批同类构件的检测应采用批量检测。进行批量检测时，应随机抽取构件，抽检数量不宜少于同批构件总数的 30％且不宜少于 10 件。当检验批构件数量大于 30 个时，抽样构件数量可适当调整，并不得少于国家现行有关标准规定的最少抽样数量。

（2）单构件测区数量要求：对于一般构件，测区数不宜少于 10 个；当受检构件数量大于 30 个时且不需提供单个构件推定强度或小构件（某一方向尺寸≤4.5m，且另一方向尺寸≤0.3m），每个构件测区数量可适当减少，但不应少于 5 个。

（3）测区要求：测区离构件端部或施工缝边缘的距离不宜小于 0.2m，相邻两测区的间距不应大于 2m，单个测区的面积不宜大于 0.04m²；测区宜分布在构件的两个对称可测面上；测区表面应为混凝土原浆面，并应清洁、平整。

（4）碳化深度测量：回弹值测量结束后，应在有代表性的位置测量碳化深度值，测量数量不应小于构件测区数的 30％，取其平均值作为该构件所有测区的碳化深度值。当碳化深度值极差大于 2.0mm，应在每一测区分别测量碳化深度值。

2. 超声回弹综合法

（1）批量抽样时，抽检数量不宜少于同批构件总数的 30％且不宜少于 10 件；一般施工质量检测和结构性能检测时，可按《建筑结构检测技术标准》（GB/T 50344—2004）的规定进行抽样。

（2）测区要求：测区应选在两个对称可测面，并宜避开钢筋密集区；同一构件上的超声测距宜基本一致；超声测线距与其平行的钢筋距离不宜小于 30mm。

（3）超声测点规定：超声测点应布置在回弹测试的对应测区内，每个测区布置 3 个测点，以同一测区 3 个测点声速的平均值作为该测区声速的代表值。

3. 钻芯法

（1）试样数量：按批进行检测的构件，直径 100mm 芯样抽检数量不得少于 15 个，小直径芯样抽检数量不得少于 20 个。按单个构件检测时，每个构件的钻芯数量不应少于 3 个，对于较小构件，钻芯数量不应少于 2 个。对间接方法进行钻芯修正时，直径 100mm 芯样试件不得少于 6 个，小直径芯样试件不得少于 9 个。

（2）取样方法：应随机抽取结构的构件或结构的局部并使所选构件具有代表性，芯样应在结构或构件受力较小的部位、混凝土强度质量具有代表性的部位、便于钻芯机安放与操作的部位，避开主筋、预埋件和管线的位置，并尽量避开其他钢筋，用钻芯法和非破损法综合测定强度时，应与非破损法取同一测区部位或附近钻取。

4. 钢筋保护层厚度

（1）对于非悬挑梁板类构件，应各抽取构件数量的 2% 且不少于 5 个构件进行检验；对悬挑梁，应抽取构件数量的 5% 且不少于 10 个构件进行检验，当悬挑梁数量少于 10 个时，应全数检验；对于悬挑板，应抽取构件数量的 10% 且不少于 20 个构件进行检验，当悬挑板数量少于 20 个时，应全数检验。

（2）对选定的梁类构件，应对全部纵向受力钢筋的保护层厚度进行检验；对选定的板类构件，应抽取不少于 6 根纵向受力钢筋的保护层厚度进行检验。

（3）对每根钢筋，应选择有代表性的不同部位量测 3 点取平均值。

四、技术要求

（1）理论上讲，超声回弹综合法检测精度优于回弹法，对检测结构有争议时，宜采用钻芯法复合评定。

（2）间接法检测混凝土抗压强度得出的是混凝土强度推定值，相当于被测构件在该龄期下同条件养护的边长为 150mm 的一组立方体试块的抗压强度平均值。

（3）回弹法检测结构混凝土强度时，自然养护龄期为 14～1000d，构件强度为 10.0～60.0MPa。当不符合上述要求时，可采取芯样修正或同条件试块进行修正，芯样数量或同条件试块数量不应少于 6 个。

（4）超声回弹综合法进行检测时，每个测区应先进行回弹测试，后进行超声测试。计算混凝土抗压强度换算值时，非同一测区内的回弹值和声速值不得混用。

（5）钢筋保护层厚度检测结果的判定以全部钢筋保护层厚度合格点率为指标，当合格率为 90% 及以上时，可判为合格；当合格点率小于 90% 但不小于 80% 时，可再抽取相同数量的构件进行检验，当两次抽样总的合格点率为 90% 及以上时，仍应判为合格；每次抽样检验结果中不合格点的最大偏差不应大于规定的允许偏差的 1.5 倍（梁允许偏差 +10mm，−7mm；板允许偏差 +8mm，−5mm）。

第二节　砌体结构现场检测

一、概述

砌体结构不论是作为一般的围护结构，还是作为承重结构部分，在我国工业、民用建筑中都得到广泛应用，其现场检测的主要内容为砌筑块材的强度、砌筑砂浆的强度、砌体结构的强度、砌筑质量以及构造损伤和变形，本章节主要讨论前三项检测项目。

砌体工程的现场检测是进行可靠性鉴定的基础，我国从 20 世纪 60 年代开始不断进行广泛研究，积累了丰硕的成果，为了筛选出其中技术先进、数据可靠、经济合理的检测方法来满足量大面广的建筑物鉴定加固的需要，国家发布实施了《砌体工程现场检测技术标准》（GB/T 50315—2011），本标准所列的检测方法，主要是为已有建筑物和一般构筑物进行可靠性鉴定时，采集现场砌体强度参数而制定的方法，在某些具体情况下，亦可用于建筑物施工验收阶段。《砌体工程现场检测技术标准》（GB/T 50315—2011）规定，当施工中或验收时出现下列情况，可采用现场检测方法对砂浆或砖、砖砌体的强度进行检测，并推定其强度值：

（1）砂浆试块缺乏代表性或试块数量不足。

（2）对砖强度或砂浆试块的检验结果有怀疑或争议时，需要确定实际的砌体抗压、抗剪强度。

（3）发生工程事故或对施工质量有怀疑和争议，需要进一步分析砖、砂浆和砌体的强度。

在砌体工程中，根据砌筑块体材料的不同可将砌体形式分为砖砌体、砌块砌体和石砌体，其中砌筑块材的强度可采用取样法、回弹法、取样回弹结合法或钻芯的方法进行检测。

除砌筑块材的强度，砌筑砂浆强度直接影响砌体结构的工程质量，是砌体工程的主控项目之一，目前检测砌筑砂浆强度可采用贯入法、推出法、筒压法、砂浆片剪切法、砂浆回弹法、点荷法、砂浆片局压法。在检测砌筑砂浆强度时，由于贯入法和砂浆回弹法属于非破损检测，且操作简单、检测快捷、检测结果精度高，因此在河南地区被广泛采用。

对于砌体的强度，可采取取样的方法或现场原位的方法进行检测，取样时试件的尺寸应符合《砌体基本力学性能试验方法标准》（GB/T 50129—2011）的规定。

二、依据标准

（1）《砌体工程现场检测技术标准》（GB/T 50315—2011）；

（2）《建筑结构检测技术标准》（GB/T 50344—2004）；

（3）《砌体结构工程施工质量验收规范》（GB 50203—2011）；

（4）《贯入法检测砌筑砂浆抗压强度技术规程》（JGJ/T 136—2017）。

三、抽样要求

1. 砌筑块材

砌筑块材的检测，应将块材品种相同、强度等级相同、质量相近、环境相似的砌筑构件划为一个检测批，每个检测批砌体的体积不宜超过 250m³。

2. 砌筑砂浆、砌体的强度

（1）检测单元

当检测对象为整栋建筑物或建筑物的一部分时，应将其划分为一个或若干个可以独立进行分析的结构单元，每一结构单元划分为若干个检测单元。

（2）测区

每一个检测单元内，不宜少于 6 个测区，应将单个构件（单片墙体、柱）作为一个测区。当一个检测单元不足 6 个构件时，应将每个构件作为一个测区。采用原位轴压法、扁顶法、切制抗压试件法检测，当选择 6 个测区确有困难时，可选取不少于 3 个测区进行测试，但宜结合其他非破损检测方法综合进行强度推定。

（3）测点

每一测区应随机布置若干测点。各种检测方法的测点数，应符合下列要求：

原位轴压法、扁顶法、切制抗压试件法、原位单剪法、筒压法，测点数不应少于 1 个。原位双剪法、推出法，测点数不应少于 3 个。砂浆片剪切法、砂浆回弹法、点荷法、砂浆片局压法、烧结砖回弹法，测点数不应少于 5 个（回弹法的测位相当于其他检测方法的测点）。

当对既有建筑物或委托方要求仅对建筑物的部分或个别部位检测时，测区和测点数可减少，但一个检测单元的测区数不宜少于 3 个。

（4）测点布置要求

测点布置应能使测试结果全面合理反映检测单元的施工质量或其受力性能。

（5）贯入法

当采用贯入法检测砌筑砂浆抗压强度时，应以面积不大于 $25m^2$ 的砌体构件或构筑物为一个构件。按批抽样检测时，应取龄期相近的同层楼、同品种、同强度等级砌筑砂浆且不大于 $250m^2$ 砌体为一批，抽检数量不应少于砌体总构件数的 30%，且不应少于 6 个构件。基础砌体可按一个楼层计。为了全面准确地反映砌筑砂浆的强度，在一个构件内测点应均匀分布：每个构件应测试 16 点；测点应均匀分布在构件的水平灰缝上，相邻测点水平间距不宜小于 240mm；每条灰缝测点不宜多于 2 点。

四、技术要求

（1）除原位单剪法外，测点不宜位于门窗洞口处，且所有的测点不应位于补砌的临时施工洞口附近。

（2）现场检测或取样时，砌筑砂浆的龄期不应低于 28d，检测砌筑砂浆强度时，取样砂浆试件或原位检测的水平灰缝应处于干燥状态。

（3）现场检测和抽样检测，环境温度和试件（试样）温度均应高于 0℃。

（4）现场测试结束时，砌体如因检测造成局部损伤，应及时修补砌体局部损伤部位，修补后的砌体，应满足原构件承载能力和正常使用的要求。

（5）当检测砌筑砂浆抗压强度时，得出的为砌筑砂浆抗压强度推定值，其相当于被测构件在该龄期下同条件养护的边长为 70.7mm 的一组立方体试块的抗压强度平均值。

第三节　混凝土后锚固现场检测

一、概述

随着旧房改造的全面开展，结构加固工程的增多、建筑装修的普及，后锚固连接技术发展较快，并成为不可缺少的一种新型技术。后锚固相对于预埋，具有施工方便、使用灵活等优点，国内外应用已相当普遍，不仅既有工程，而且新建工程也已广泛采用，但由于国产与进口产品激烈竞争与混用局面，致使生产与使用严重脱节，进而危及整个结构的安全。为了在混凝土结构后锚固连接的设计与施工中贯彻执行国家的技术经济政策，做到安全、适用、经济，保证质量，《混凝土结构后锚固技术规程》（JGJ 145—2013）在随着后锚固技术不断应用和发展下，以及对《混凝土结构后锚固技术规程》（JGJ 145—2004）进行修订后应运而生。

《混凝土结构后锚固技术规程》（JGJ 145—2013）适用于以钢筋混凝土、预应力混凝土以及素混凝土为基材的后锚固连接的设计、施工及验收；不适用于以砌体、轻骨料混凝土及特种混凝土为基材的后锚固连接，普通混凝土结构基材不包括砌体中的混凝土圈梁、构造柱。后锚固连接技术中所采用的锚栓分为机械锚栓和化学锚栓，除了锚栓，化学植筋也是工程界广泛应用的一种后锚固连接技术。

后锚固连接与预埋连接相比，可能的破坏形式较多且较为复杂，且失效概率较大，因此控制混凝土后锚固的质量尤为重要。在混凝土后锚固现场检测中，锚固件的抗拔承载力为必检项目，现场检测中有非破损性检验和破损性检验，对于一般结构及非结构构件可采用非破损检验，对于满足下列条件之一的，还应进行破坏试验：（1）安全等级为一级的后锚固构件；（2）悬挑结构和构件；（3）对后锚固设计参数有疑问；（4）对该工程锚固质量有怀疑。

二、依据标准

（1）《混凝土结构后锚固技术规程》（JGJ 145—2013）；

（2）《建筑结构加固工程施工质量验收规范》（GB 50550—2010）。

三、抽样规则

（1）锚固质量现场检验抽样时，应以同品种、同规格、同强度等级的锚固件安装于锚固部位基本相同的同类构件为一检验批，并应从每一检验批所含的锚固件中进行抽样。

（2）现场破坏性检验宜选择锚固区以外的同条件位置，应取每一检验批锚固件总数的 0.1％且不少于 5 件进行检验。锚固件为植筋且数量不超过 100 件，可取 3 件进行检验。

（3）锚栓锚固质量的非破损检验

对于重要构件以及生命线工程非结构构件，按表 16-1 的抽样数量对该检验批的锚栓进行检验。

重要结构构件及生命线工程的非结构构件非破损检验抽样 表 16-1

检验批锚栓总数	≤100	500	1000	2500	≥5000
按检验批锚栓总数计算的最小抽样量	20％且不少于 5 件	10％	7％	4％	3％

注：当锚栓总数介于两栏目之间时，可按线性内插法确定抽样数量。

对一般结构构件，应取重要结构构件抽样数量的 50％且不少于 5 件进行检验。

对非生命线工程的非结构构件，应取每一检验批锚固件总数的 0.1％且不少于 5 件进行检验。

（4）植筋锚固质量的非破损检验

对重要结构构件及生命线工程的非结构构件，应取每一检验批植筋总数的 3％且不少于 5 件进行检验。

对于一般结构构件，应取每一检验批植筋总数 1％且不少于 3 件进行检验。

对非生命线工程的非结构构件，应取每一检验批锚固件总数的 0.1％且不少于 3 件进行检验。

破坏性检验宜尽量选在受力较小的次要连接部位且易修复的部位；非破损检验可采用

随机抽样办法取样。

四、技术要求

（1）非破损检验的评定，应根据所抽取的锚固试样在持荷期间的状态按下列规定进行：

1）试样在持荷期间，锚固件无滑移、基材混凝土无裂纹或其他局部损坏迹象出现，且加载装置的荷载示值在 2min 内无下降或下降幅度不超过 5% 的检验荷载时，应评定为合格。

2）一个检验批所抽取的试样全部合格时，该检验批应评定为合格检验批。

3）一个检验批中不合格的试样不超过 5%（计算限值 5% 时，不足 1 根，按 1 根计）时，应另抽 3 根试样进行破坏性检验，若检验结果全部合格，该检验批仍可评定为合格检验批。

4）一个检验批中不合格的试样超过 5% 时，该检验批应评定为不合格，且不应重做检验。

（2）破坏性检验的评定，应根据下述不同情况分别判定：

1）发生混凝土破坏时，当检验结果满足下列要求时，锚固质量应评定为合格。

$$N_{Rm}^{C} \geqslant \gamma_{u,lim} N_{RK,*}$$

$$N_{Rmin}^{C} \geqslant N_{RK,*}$$

式中　N_{Rm}^{C}——受检锚固件极限抗拔力实测平均值（N）；

N_{Rmin}^{C}——受检锚固件极限抗拔力实测最小值（N）；

$N_{RK,*}$——混凝土破坏受检锚固件极限抗拔力标准值，按有关规定计算得出（N）；

$\gamma_{u,lim}$——锚固承载力检验系数允许值，取 1.1。

2）发生锚栓钢材破坏时，检验结果满足下列要求时，锚固质量评定为合格。

$$N_{Rmin}^{C} \geqslant \frac{f_{stk}}{f_{yk}} N_{Rk,s}$$

式中　N_{Rmin}^{C}——受检锚固件极限抗拔力实测最小值（N）；

$N_{Rk,s}$——锚栓钢材破坏受拉承载力标准值，按有关规定计算得出（N）；

f_{stk}——锚栓极限抗拉强度标准值（MPa）；

f_{yk}——锚栓屈服强度标准值（MPa）。

3）化学植筋破坏性检验，当检验结果满足下列要求时，其锚固质量评定为合格。

$$N_{Rm}^{C} \geqslant 1.45 f_{y} A_{S}$$

$$N_{Rmin}^{C} \geqslant 1.25 f_{y} A_{S}$$

式中　N_{Rm}^{C}——受检锚固件极限抗拔力实测平均值（N）；

N_{Rmin}^{C}——受检锚固件极限抗拔力实测最小值（N）；

f_{y}——植筋用钢筋的抗拉强度设计值（MPa）；

A_{S}——钢筋标称截面积（mm²）。

第四节　建筑工程饰面砖粘结强度检测

一、概述

建筑外墙饰面砖不仅能保护外墙墙面，而且还起到了美化建筑物的作用，从而满足人民对美丽建筑的追求需要。然而经过近几年工程实践，外墙饰面砖在应用中也出现了很多问题，比如开裂、脱皮、脱落等现象，这不仅影响了建筑物的美观，而且有时候脱落物还造成了伤人毁物等危及人民生命财产的安全事故。为此，早在1997年建设部就参照国外有关标准，制定了行业标准《建筑工程饰面砖粘结强度检验标准》（JGJ 110—1997），经过十几年的使用，随着新技术和新材料的发展，建设部在2008年对原标准进行修改，到2017年，再次修订的《建筑工程饰面砖粘结强度检验标准》（JGJ/T 110—2017）于2017年11月1日实施。

《建筑工程饰面砖粘结强度检验标准》（JGJ/T 110—2017）规定，现场粘贴一部分饰面砖后就可以进行外墙饰面砖粘结强度检验，而且以符合标准的瓷砖胶为基准调整饰面砖粘结强度检验时间，这些新的调整更有利于现场施工和现场饰面砖粘结强度的检测。

二、标准依据

（1）《建筑工程饰面砖粘结强度检验标准》（JGJ/T 110—2017）；
（2）《外墙饰面砖工程施工及验收规程》（JGJ 126—2015）。

三、检验批量

1. 带饰面砖的预制构件
带饰面砖的预制构件进入施工现场后，应对饰面砖粘结强度进行复验。复验应以500m² 同类带饰面砖的预制构件作为一个检验批，不足500m² 应为一个检验批。每批取一组，每组3块板，每块板应制取1个试样对饰面砖粘结强度进行检验。

2. 现场粘贴外墙饰面砖
（1）现场粘贴外墙饰面砖施工前，应对饰面砖样板粘结强度进行检验。每种类型的基体上应粘贴不小于1m² 饰面砖样板，每个样板应各制取一组3个饰面砖粘结强度试样，取样间距不得小于500mm。

（2）现场粘贴饰面砖粘结强度检验应以每500m² 同类基体饰面砖为一个检验批，不足500m² 应为一个检验批。每批应取不少于一组3个试样，每连续三个楼层应取不少于一组试样，取样应均匀分布。

四、技术要求

（1）饰面砖粘结强度检验所用的标准块有两种尺寸规格，95mm×45mm标准块适用于边长大于50mm的饰面砖试样，40mm×40mm标准块适用于边长不大于50mm的陶瓷锦砖试样。当试验现场温度低于5℃时，标准块宜预热后再进行胶粘。

（2）采用水泥基粘结材料粘贴外墙饰面砖后，可按水泥基粘结材料使用说明的规定时间或样板饰面砖粘结强度达到合格的龄期，进行饰面砖粘结强度检验。当粘贴后 28d 以内达不到标准或有争议时，应以 28~60d 内约定时间检验的粘结强度为准。

（3）检验结果判定

1）带饰面砖的预制构件

当一组试样粘结强度检验结果满足下列两项指标要求，其粘结强度应定位合格。

① 每组试样平均粘结强度应不小于 0.6MPa。

② 每组允许有一个试样的粘结强度小于 0.6MPa，但不应小于 0.4MPa。

当一组试样均不符合上述判定指标时，判定其粘结强度不合格；当一组试样仅符合上述指标的一项时，应在该组试样原取样检验批内重新抽取两组试样检验，若检验结果仍有一项不符合判定指标要求时，则判定其粘结强度不合格。

2）现场粘贴的饰面砖

现场粘贴的同类饰面砖，当一组试样粘结强度检验结果满足下列两项指标要求，其粘结强度应定位合格。

① 每组试样平均粘结强度应不小于 0.4MPa。

② 每组允许有一个试样的粘结强度小于 0.4MPa，但不应小于 0.3MPa。

当一组试样均不符合上述判定指标时，判定其粘结强度不合格；当一组试样仅符合上述指标的一项时，应在该组试样原取样检验批内重新抽取两组试样检验，若检验结果仍有一项不符合判定指标要求时，则判定其粘结强度不合格。

第十七章　钢结构工程

第一节　钢结构工程用钢

一、概述

钢结构以其总重量轻、跨度大、用料少、施工周期短、安全可靠、造型美观等优点，被广泛用于体育馆、工业厂房、商业建筑、多层停车场以及具有艺术特色的地标性建筑。近几年随着钢结构构件预加工化技术的成熟与稳定，现场只需简单加工组装就可快速完成工程项目，这不仅有利于控制结构工程的质量，还大大缩短了工期，因此国家政策方面也提出要大力发展钢结构和装配式建筑。

钢结构工程用钢作为组成钢结构的主体材料，直接影响着结构的安全使用。不论是金属板材、管材和型材以及冷加工的薄壁型钢，建筑钢结构用钢必须具有较高的强度，较好的塑形、韧性，良好的加工性能，以及特殊环境下抵抗低温和有害介质以及重复荷载作用等性能。

钢结构工程用钢主要包括中厚板、各种型钢、钢管、彩钢板、压型钢板等。对于进场的钢材，其品种、规格和性能应符合现行国家产品标准和设计要求。对属于下列情况的应进行抽样复验，其复验结果应符合现行国家产品标准和设计要求。

（1）国外进口钢材，但有国家出入境检验部门的检验报告且检验项目内容能涵盖设计和合同要求的，可以不再进行复验；

（2）钢材混批；

（3）钢板等于或大于 40mm，且设计有 Z 向性能要求的厚板；

（4）建筑结构安全等级为一级，大跨度钢结构中主要受力构件所采用的钢材；

（5）设计有复验要求的钢材；

（6）对质量有异议的钢材。

二、依据标准

（1）《钢结构工程施工质量验收规范》（GB 50205—2001）；

（2）《钢及钢产品　交货一般技术要求》（GB/T 17505—2016）；

（3）《碳素结构钢》（GB/T 700—2006）；

（4）《低合金高强度结构钢》（GB/T 1591—2008）；

（5）《优质碳素结构钢》（GB/T 699—2015）；

（6）《碳素结构钢和低合金结构钢热轧钢板和钢带》（GB/T 3274—2017）；

（7）《冷弯型钢通用技术要求》（GB/T 6725—2017）；

（8）《彩色涂层钢板及钢带》（GB/T 12754—2006）；

（9）《连续热镀锌钢板及钢带》（GB/T 2518—2008）；

（10）《建筑结构用钢板》（GB/T 19879—2015）；

（11）《结构用无缝钢管》（GB/T 8162—2008）；

（12）《建筑用压型钢板》（GB/T 12755—2008）；

（13）《桥梁用结构钢》（GB/T 714—2015）。

三、取样要求

1. 取样批量和数量

钢结构常用钢材试样取样要求和数量见表 17-1。其中的批由同一牌号、同一质量等级、同一炉罐号、同一品种、同一尺寸、同一交货状态组成。一般情况下每批重量不大于 60t。

常用钢材试样取样数量   表 17-1

钢　　　材	化学成分	拉伸试验	弯曲试验	冲击试验
碳素结构钢	1/炉	1/批	1/批	3/批
低合金高强度结构钢	1/炉	1/批	1/批	3/批
优质碳素结构钢	1/炉	2/批	—	3/批

2. 取样方法

力学性能试验用样坯的取样应按照钢材产品标准的规定进行，产品标准未明确说明的，应按照国家标准《钢及钢产品　力学性能试验取样位置及试样制备》（GB/T 2975—1998）进行，这在前面第八章中也有阐述。钢材化学分析应按国家标准《钢和铁　化学成分测定用试样的取样和制样方法》（GB/T 20066—2006）进行。

四、技术要求

钢材取样时，应防止过热、加工硬化而影响力学性能。用火焰切割法或者冷剪法取样时，应留有加工余量，具体要求按《钢及钢产品　力学性能试验取样位置及试样制备》（GB/T 2975—1998）规定进行。

第二节　钢结构工程用焊接材料

一、概述

焊接连接是钢结构的重要连接形式之一，其连接质量直接关系到结构的安全使用。焊接材料对焊接施工质量影响重大，因此焊接材料品种、规格和性能应符合现行国家产品标准和设计要求。对于满足以下条件的重要工程的钢结构焊接材料，应进行抽样复验，其复验结果应符合现行国家产品标准和设计要求。

（1）建筑结构安全等级为一级的一、二级焊缝；

（2）建筑结构安全等级为二级的一级焊缝；

（3）大跨度结构中一级焊缝；

（4）重级工作制吊车梁结构中一级焊缝；

（5）设计要求；

（6）对质量有疑义的焊材。

钢结构中常用的焊接材料主要有焊条、焊丝和焊剂，这些材料常用的检验项目有原材料的化学成分分析、熔敷金属的化学成分分析、熔敷金属的力学性能等。

二、依据标准

（1）《不锈钢焊条》（GB/T 983—2012）；

（2）《堆焊焊条》（GB/T 984—2001）；

（3）《热强钢焊条》（GB/T 5118—2012）；

（4）《非合金钢及细晶粒钢焊条》（GB/T 5117—2012）；

（5）《埋弧焊用碳钢焊丝和焊剂》（GB/T 5293—1999）；

（6）《低合金钢药芯焊丝》（GB/T 17493—2008）；

（7）《气体保护电弧焊用碳钢、低合金钢焊丝》（GB/T 8110—2008）；

（8）《碳钢药芯焊丝》（GB/T 10045—2001）；

（9）《焊缝及熔敷金属拉伸试验方法》（GB/T 2652—2008）。

三、取样要求

1. 取样批量和数量

每一生产批号取一个样。

2. 熔敷金属制样要求

焊接用焊条、焊丝、焊剂，一般要在专门制备的熔敷金属试板上进行化学成分和力学性能的试验。其中拉伸性能和冲击性能试验用的试件应按照《焊接材料的检验 第1部分：钢、镍及镍合金熔敷金属力学性能试样的制备及检验》（GB/T 25774.1—2010）规定进行。熔敷金属化学分析试样允许在力学性能试件上或拉断后的拉棒上制取，仲裁试验时，按《焊接材料熔敷金属化学分析试样制备方法》（GB/T 25777—2010）的规定进行。

第三节　紧固件连接工程

一、概述

紧固件连接是钢结构连接的另外一种主要形式，特别是近几年普遍使用的高强度螺栓连接，更是钢结构连接最重要的形式之一。高强度大六角头螺栓的扭矩系数，扭剪型高强度螺栓连接副的紧固轴力，以及高强度螺栓连接抗滑移系数都是钢结构连接质量的重要影响因素，因此施工单位在使用这些材料之前，应及时抽样复验。

二、依据标准

（1）《紧固件机械性能 螺栓、螺钉和螺柱》（GB/T 3098.1—2010 ）；

（2）《钢结构用高强度大六角头螺栓、大六角螺母、垫圈技术条件》（GB/T 1231—2006）；

（3）《钢结构用扭剪型高强度螺栓连接副》（GB/T 3632—2008）；

（4）《钢结构高强度螺栓连接技术规程》（JGJ 82—2011）；

（5）《钢结构工程施工质量验收规范》（GB 50205—2001）。

三、抽样要求

1. 螺栓

对于普通螺栓，当进行最小拉力荷载试验时，每一规格螺栓抽查 8 个；当进行高强度大六角螺栓连接副的扭矩系数以及扭剪型高强度螺栓连接副的紧固轴力试验时，每一规格螺栓抽查 8 套，同批连接副的最大代表批量为 3000 套。

2. 高强度螺栓连接抗滑移系数样品

高强度螺栓连接抗滑移系数试验应在专门制作的双摩擦面的拉力试件上进行，每一检验批需制作三个试件，试件应由制造厂加工，制造厂和安装单位应分别以钢结构制造批为单位进行抗滑移系数试验，制造批可按分部（子分部）工程划分规定的工程量每 2000t 为一批，不足 2000t 的可视为一批。每个试件与所代表的构件应为同一材质，同一摩擦面处理工艺，同批制作，使用同一性能等级的高强度螺栓连接副，并在相同条件下同批发运。

第四节　钢网架节点承载力

一、概述

钢网架结构是由很多杆件通过节点，按照一定规律组成的空间杆系结构。钢网架结构具有空间受力、质量轻、刚度大、跨度大、空间造型美观等优点，被广泛用做体育馆、露天剧场等建筑中，但由于钢网架结构是一种高次超静定结构，当一根杆件因质量问题退出工作，它可能很快形成一个失稳带而使整个结构破坏，因此应严格控制钢网架节点所采用的原材料以及相应加工制品的质量。

对于进场用的原材料以及相关产品，当对质量有怀疑或者设计上有具体要求时，应进行复验，具体复验要求应按照相关产品标准进行。《钢结构工程施工质量验收规范》（GB 50205—2001）规定对建筑结构安全等级为一级，跨度 40m 及以上的公共建筑钢网架结构，且有设计要求时，应按下列项目进行节点承载力试验。

（1）焊接球节点应按设计要求将焊接球同匹配的钢管焊接加工成试件，进行轴心拉、压承载力试验。

（2）螺栓球节点应按设计指定规格的球最大螺栓孔螺纹进行抗拉强度保证荷载试验。

二、依据标准

（1）《钢网架螺栓球节点用高强度螺栓》（GB/T 16939—2016）；

（2）《钢网架螺栓球节点》（JG/T 10—2009）；

（3）《钢网架焊接空心球节点》（JG/T 11—2009）；

（4）《钢结构工程施工质量验收规范》（GB 50205—2001）。

三、抽样要求

网架节点承载力试验，每项试验每批随机抽取 3 个试件进行试验。

四、技术要求

（1）焊接球节点单向受拉、受压承载力试验破坏荷载值应大于或等于 1.6 倍设计承载力。

（2）螺栓球节点抗拉强度保证荷载试验应达到螺栓的设计承载力时，螺孔、螺纹及封板仍完好无损为合格。

第五节　钢结构工程无损检测

一、概述

钢结构工程无损检测的主要对象是金属焊缝和金属原材料，常采用的检测方法包括超声波检测、磁粉检测和渗透检测。超声波检测主要检测金属焊缝和钢板内部缺陷；射线检测主要检测金属焊缝内部缺陷；磁粉检测主要检测铁磁性金属材料焊缝和重要部件表面缺陷；渗透检测主要检测奥氏体不锈钢金属材料焊接接头和重要部件表面缺陷。

焊缝无损检测是一种专业性比较强的检测技术，因此要求检测人员必须持国家相关部门颁发的专业检测证书才能进行检测作业。针对钢结构无损检测，下面简单介绍一下常用的无损检测方法的原理和特点。

1. 超声波检测（UT）

钢结构检测中使用的超声波探伤仪属于 A 型反射式，超声波通过探头发射进入焊缝内部，若焊缝内部存在缺陷，超声波束经缺陷反射后被探头接收，检测人员根据屏幕回波显示判断焊缝内部是否存在缺陷以及缺陷的质量等级。

2. 射线检测（RT）

利用射线发射机发射的 X 射线或者同位素产生的 γ 射线穿过焊缝区，焊缝区缺陷处和无缺陷处的材料吸收射线能力有差别，使置于背面的射线胶片得到不同的射线能量，将底片经过暗室处理得到射线底片，检测人员可根据底片所反映的缺陷对其进行直观的定性、定量评定。

3. 磁粉检测（MT）

利用铁磁性材料表面或近表面处缺陷产生的漏磁场吸附磁粉来达到检测钢结构表面质量的目的。其局限性在于只能检测铁磁性材料，且需要选择磁化装置和磁化规范等参数。磁粉检测速度快、成本低、操作简单实用，它是验证、检查钢结构表面质量的有效方法，尤其是采用多方向磁化或者旋转磁场磁化法对类似表面裂缝的检查。

4. 渗透检测（PT）

通过喷洒、刷涂或者浸渍等方法将渗透能力很强的渗透剂施加到已清洗干净的钢结构构件表面，待渗透液因毛细管作用原理渗入表面开口缺陷内后，擦拭祛除表面多余渗透液再均匀地施加显像剂，显像剂能够将已渗入缺陷中的渗透液引到表面来，检测人员就可以通过显像剂与渗透液的反差或利用荧光作用在紫外线灯下观察到与缺陷实际走向、尺寸相符的缺陷现象痕迹。

二、依据标准

（1）《钢结构工程施工质量验收规范》GB 50205—2001；

（2）《焊缝无损检测　超声检测　技术、检测等级和评定》（GB/T 11345—2013）；

（3）《钢结构超声波探伤及质量分级法》（JG/T 203—2007）；

（4）《金属熔化焊焊接接头射线照相》（GB/T 3323—2005）。

三、抽样要求

（1）焊接球焊缝应进行无损检测，检查按每一规格数量的5％进行抽查，且不应少于3个。

（2）设计要求全熔透的一级和二级焊缝应采用超声波探伤进行内部缺陷的检验，若超声波探伤不能对缺陷进行判断时，应进行射线探伤。检测频率见表17-2。

碳素结构钢应在焊缝冷却到环境温度、低合金高强度合金钢应焊接24h以后，进行焊缝探伤检验。

四、技术要求

（1）焊接球焊缝应进行无损检测，其质量应符合图纸设计要求，当图纸设计无要求时应符合表17-2中规定的二级质量标准。

（2）一、二级焊缝质量应符合表17-2的要求。

一、二级焊缝质量及缺陷分级　　　　　　　　表 17-2

焊缝质量等级		一级	二级
内部缺陷 超声波探伤	评定等级	Ⅱ	Ⅲ
	检验等级	B级	B级
	探伤比例	100％	20％
内部缺陷 射线探伤	评定等级	Ⅱ	Ⅲ
	检验等级	AB级	AB级
	探伤比例	100％	20％

注：探伤比例的计数方法应按以下原则确定：（1）对工厂制作焊缝，应按每条焊缝计算百分比，且探伤长度应不少于200mm，当焊缝长度不足200mm时，应对整条焊缝进行探伤；（2）对现场安装焊缝，应按同一类型、同一施焊条件的焊缝条数计算百分比，探伤长度应不少于200mm，并应不少于1条焊缝。

附 录 文件性附录

附录1 建设工程质量检测管理办法

（中华人民共和国建设部 令第141号）

《建设工程质量检测管理办法》已于2005年8月23日经第71次常务会议讨论通过，现予发布，自2005年11月1日施行。

建设部部长 汪光焘
二〇〇五年九月二十八日

建设工程质量检测管理办法

第一条 为了加强对建设工程质量检测的管理，根据《中华人民共和国建筑法》、《建设工程质量管理条例》，制定本办法。

第二条 申请从事对涉及建筑物、构筑物结构安全的试块、试件以及有关材料检测的工程质量检测机构资质，实施对建设工程质量检测活动的监督管理，应当遵守本办法。

本办法所称建设工程质量检测（以下简称质量检测），是指工程质量检测机构（以下简称检测机构）接受委托，依据国家有关法律、法规和工程建设强制性标准，对涉及结构安全项目的抽样检测和对进入施工现场的建筑材料、构配件的见证取样检测。

第三条 国务院建设主管部门负责对全国质量检测活动实施监督管理，并负责制定检测机构资质标准。

省、自治区、直辖市人民政府建设主管部门负责对本行政区域内的质量检测活动实施监督管理，并负责检测机构的资质审批。

市、县人民政府建设主管部门负责对本行政区域内的质量检测活动实施监督管理。

第四条 检测机构是具有独立法人资格的中介机构。检测机构从事本办法附件一规定的质量检测业务，应当依据本办法取得相应的资质证书。

检测机构资质按照其承担的检测业务内容分为专项检测机构资质和见证取样检测机构资质。检测机构资质标准由附件二规定。

检测机构未取得相应的资质证书，不得承担本办法规定的质量检测业务。

第五条 申请检测资质的机构应当向省、自治区、直辖市人民政府建设主管部门提交下列申请材料：

（一）《检测机构资质申请表》一式三份；

（二）工商营业执照原件及复印件；

（三）与所申请检测资质范围相对应的计量认证证书原件及复印件；

（四）主要检测仪器、设备清单；

（五）技术人员的职称证书、身份证和社会保险合同的原件及复印件；

（六）检测机构管理制度及质量控制措施；

《检测机构资质申请表》由国务院建设主管部门制定式样。

第六条　省、自治区、直辖市人民政府建设主管部门在收到申请人的申请材料后，应当即时作出是否受理的决定，并向申请人出具书面凭证；申请材料不齐全或者不符合法定形式的，应当在 5 日内一次性告知申请人需要补正的全部内容。逾期不告知的，自收到申请材料之日起即为受理。

省、自治区、直辖市建设主管部门受理资质申请后，应当对申报材料进行审查，自受理之日起 20 个工作日内审批完毕并作出书面决定。对符合资质标准的，自作出决定之日起 10 个工作日内颁发《检测机构资质证书》，并报国务院建设主管部门备案。

第七条　《检测机构资质证书》应当注明检测业务范围，分为正本和副本，由国务院建设主管部门制定式样，正、副本具有同等法律效力。

第八条　检测机构资质证书有效期为 3 年。资质证书有效期满需要延期的，检测机构应当在资质证书有效期满 30 个工作日前申请办理延期手续。

检测机构在资质证书有效期内没有下列行为的，资质证书有效期届满时，经原审批机关同意，不再审查，资质证书有效期延期 3 年，由原审批机关在其资质证书副本上加盖延期专用章；检测机构在资质证书有效期内有下列行为之一的，原审批机关不予延期：

（一）超出资质范围从事检测活动的；

（二）转包检测业务的；

（三）涂改、倒卖、出租、出借或者以其他形式非法转让资质证书的；

（四）未按照国家有关工程建设强制性标准进行检测，造成质量安全事故或致使事故损失扩大的；

（五）伪造检测数据，出具虚假检测报告或者鉴定结论的。

第九条　检测机构取得检测机构资质后，不再符合相应资质标准的，省、自治区、直辖市人民政府建设主管部门根据利害关系人的请求或者依据职权，可以责令其限期改正；逾期不改的，可以撤回相应的资质证书。

第十条　任何单位和个人不得涂改、倒卖、出租、出借或者以其他形式非法转让资质证书。

第十一条　检测机构变更名称、地址、法定代表人、技术负责人，应当在 3 个月内到原审批机关办理变更手续。

第十二条　本办法规定的质量检测业务，由工程项目建设单位委托具有相应资质的检测机构进行检测。委托方与被委托方应当签订书面合同。

检测结果利害关系人对检测结果发生争议的，由双方共同认可的检测机构复检，复检结果由提出复检方报当地建设主管部门备案。

第十三条　质量检测试样的取样应当严格执行有关工程建设标准和国家有关规定，在建设单位或者工程监理单位监督下现场取样。提供质量检测试样的单位和个人，应当对试样的真实性负责。

第十四条　检测机构完成检测业务后，应当及时出具检测报告。检测报告经检测人员签字、检测机构法定代表人或者其授权的签字人签署，并加盖检测机构公章或者检测专用章后方可生效。检测报告经建设单位或者工程监理单位确认后，由施工单位归档。

见证取样检测的检测报告中应当注明见证人单位及姓名。

第十五条　任何单位和个人不得明示或者暗示检测机构出具虚假检测报告，不得篡改或者伪造检测报告。

第十六条　检测人员不得同时受聘于两个或者两个以上的检测机构。

检测机构和检测人员不得推荐或者监制建筑材料、构配件和设备。

检测机构不得与行政机关，法律、法规授权的具有管理公共事务职能的组织以及所检测工程项目相关的设计单位、施工单位、监理单位有隶属关系或者其他利害关系。

第十七条　检测机构不得转包检测业务。

检测机构跨省、自治区、直辖市承担检测业务的，应当向工程所在地的省、自治区、直辖市人民政府建设主管部门备案。

第十八条　检测机构应当对其检测数据和检测报告的真实性和准确性负责。

检测机构违反法律、法规和工程建设强制性标准，给他人造成损失的，应当依法承担相应的赔偿责任。

第十九条　检测机构应当将检测过程中发现的建设单位、监理单位、施工单位违反有关法律、法规和工程建设强制性标准的情况，以及涉及结构安全检测结果的不合格情况，及时报告工程所在地建设主管部门。

第二十条　检测机构应当建立档案管理制度。检测合同、委托单、原始记录、检测报告应当按年度统一编号，编号应当连续，不得随意抽撤、涂改。

检测机构应当单独建立检测结果不合格项目台账。

第二十一条　县级以上地方人民政府建设主管部门应当加强对检测机构的监督检查，主要检查下列内容：

（一）是否符合本办法规定的资质标准；

（二）是否超出资质范围从事质量检测活动；

（三）是否有涂改、倒卖、出租、出借或者以其他形式非法转让资质证书的行为；

（四）是否按规定在检测报告上签字盖章，检测报告是否真实；

（五）检测机构是否按有关技术标准和规定进行检测；

（六）仪器设备及环境条件是否符合计量认证要求；

（七）法律、法规规定的其他事项。

第二十二条　建设主管部门实施监督检查时，有权采取下列措施：

（一）要求检测机构或者委托方提供相关的文件和资料；

（二）进入检测机构的工作场地（包括施工现场）进行抽查；

（三）组织进行比对试验以验证检测机构的检测能力；

（四）发现有不符合国家有关法律、法规和工程建设标准要求的检测行为时，责令改正。

第二十三条　建设主管部门在监督检查中为收集证据的需要，可以对有关试样和检测资料采取抽样取证的方法；在证据可能灭失或者以后难以取得的情况下，经部门负责人批准，可以先行登记保存有关试样和检测资料，并应当在 7 日内及时作出处理决定，在此期间，当事人或者有关人员不得销毁或者转移有关试样和检测资料。

第二十四条　县级以上地方人民政府建设主管部门，对监督检查中发现的问题应当按规定权限进行处理，并及时报告资质审批机关。

第二十五条　建设主管部门应当建立投诉受理和处理制度，公开投诉电话号码、通讯地址和电子邮件信箱。

检测机构违反国家有关法律、法规和工程建设标准规定进行检测的，任何单位和个人都有权向建设主管部门投诉。建设主管部门收到投诉后，应当及时核实并依据本办法对检测机构作出相应的处理决定，于 30 日内将处理意见答复投诉人。

第二十六条　违反本办法规定，未取得相应的资质，擅自承担本办法规定的检测业务的，其检测报告无效，由县级以上地方人民政府建设主管部门责令改正，并处 1 万元以上 3 万元以下的罚款。

第二十七条　检测机构隐瞒有关情况或者提供虚假材料申请资质的，省、自治区、直辖市人民政府建设主管部门不予受理或者不予行政许可，并给予警告，1 年之内不得再次申请资质。

第二十八条　以欺骗、贿赂等不正当手段取得资质证书的，由省、自治区、直辖市人民政府建设主管部门撤销其资质证书，3 年内不得再次申请资质证书；并由县级以上地方人民政府建设主管部门处以 1 万元以上 3 万元以下的罚款；构成犯罪的，依法追究刑事责任。

第二十九条　检测机构违反本办法规定，有下列行为之一的，由县级以上地方人民政府建设主管部门责令改正，可并处 1 万元以上 3 万元以下的罚款；构成犯罪的，依法追究刑事责任：

（一）超出资质范围从事检测活动的；

（二）涂改、倒卖、出租、出借、转让资质证书的；

（三）使用不符合条件的检测人员的；

（四）未按规定上报发现的违法违规行为和检测不合格事项的；

（五）未按规定在检测报告上签字盖章的；

（六）未按照国家有关工程建设强制性标准进行检测的；

（七）档案资料管理混乱，造成检测数据无法追溯的；

（八）转包检测业务的。

第三十条　检测机构伪造检测数据，出具虚假检测报告或者鉴定结论的，县级以上地方人民政府建设主管部门给予警告，并处 3 万元罚款；给他人造成损失的，依法承担赔偿责任；构成犯罪的，依法追究其刑事责任。

第三十一条　违反本办法规定，委托方有下列行为之一的，由县级以上地方人民政府建设主管部门责令改正，处 1 万元以上 3 万元以下的罚款：

（一）委托未取得相应资质的检测机构进行检测的；

（二）明示或暗示检测机构出具虚假检测报告，篡改或伪造检测报告的；

（三）弄虚作假送检试样的。

第三十二条　依照本办法规定，给予检测机构罚款处罚的，对检测机构的法定代表人和其他直接责任人员处罚款数额 5% 以上 10% 以下的罚款。

第三十三条　县级以上人民政府建设主管部门工作人员在质量检测管理工作中，有下列情形之一的，依法给予行政处分；构成犯罪的，依法追究刑事责任：

（一）对不符合法定条件的申请人颁发资质证书的；

（二）对符合法定条件的申请人不予颁发资质证书的；

（三）对符合法定条件的申请人未在法定期限内颁发资质证书的；

（四）利用职务上的便利，收受他人财物或者其他好处的；

（五）不依法履行监督管理职责，或者发现违法行为不予查处的。

第三十四条　检测机构和委托方应当按照有关规定收取、支付检测费用。没有收费标准的项目由双方协商收取费用。

第三十五条　水利工程、铁道工程、公路工程等工程中涉及结构安全的试块、试件及有关材料的检测按照有关规定，可以参照本办法执行。节能检测按照国家有关规定执行。

第三十六条　本规定自 2005 年 11 月 1 日起施行。

附件一：

质量检测的业务内容

一、专项检测

（一）地基基础工程检测

1. 地基及复合地基承载力静载检测；

2. 桩的承载力检测；

3. 桩身完整性检测；

4. 锚杆锁定力检测。

（二）主体结构工程现场检测

1. 混凝土、砂浆、砌体强度现场检测；

2. 钢筋保护层厚度检测；

3. 混凝土预制构件结构性能检测；

4. 后置埋件的力学性能检测。

（三）建筑幕墙工程检测

1. 建筑幕墙的气密性、水密性、风压变形性能、层间变位性能检测；

2. 硅酮结构胶相容性检测。

（四）钢结构工程检测

1. 钢结构焊接质量无损检测；

2. 钢结构防腐及防火涂装检测；

3. 钢结构节点．机械连接用紧固标准件及高强度螺栓力学性能检测；

4. 钢网架结构的变形检测。

二、见证取样检测

1. 水泥物理力学性能检验；

2. 钢筋（含焊接与机械连接）力学性能检验；

3. 砂、石常规检验；

4. 混凝土、砂浆强度检验；

5. 简易土工试验；

6. 混凝土掺加剂检验；

7. 预应力钢绞线、锚夹具检验；

8. 沥青、沥青混合料检验。

附件二：

检测机构资质标准

一、专项检测机构和见证取样检测机构应满足下列基本条件：

（一）专项检测机构的注册资本不少于 100 万元人民币，见证取样检测机构不少于 80 万元人民币；

（二）所申请检测资质对应的项目应通过计量认证；

（三）有质量检测、施工、监理或设计经历，并接受了相关检测技术培训的专业技术人员不少于 10 人；边远的县（区）的专业技术人员可不少于 6 人；

（四）有符合开展检测工作所需的仪器、设备和工作场所；其中，使用属于强制检定的计量器具，要经过计量检定合格后，方可使用；

（五）有健全的技术管理和质量保证体系。

二、专项检测机构除应满足基本条件外，还需满足下列条件：

（一）地基基础工程检测类

专业技术人员中从事工程桩检测工作 3 年以上并具有高级或者中级职称的不得少于 4 名，其中 1 人应当具备注册岩土工程师资格。

（二）主体结构工程检测类

专业技术人员中从事结构工程检测工作 3 年以上并具有高级或者中级职称的不得少于 4 名，其中 1 人应当具备二级注册结构工程师资格。

（三）建筑幕墙工程检测类

专业技术人员中从事建筑幕墙检测工作 3 年以上并具有高级或者中级职称的不得少于 4 名。

（四）钢结构工程检测类

专业技术人员中从事钢结构机械连接检测、钢网架结构变形检测工作 3 年以上并具有高级或者中级职称的不得少于 4 名，其中 1 人应当具备二级注册结构工程师资格。

三、见证取样检测机构除应满足基本条件外，专业技术人员中从事检测工作 3 年以上并具有高级或者中级职称的不得少于 3 名；边远的县（区）可不少于 2 人。

附录2　房屋建筑工程和市政基础设施工程
实行见证取样和送检的规定

（中华人民共和国　建建〔2000〕211 号）

第一条　为规范房屋建筑工程和市政基础设施工程中涉及结构安全的试块、试件和材料的见证取样和送检工作，保证工程质量，根据《建设工程质量管理条例》，制定本规定。

第二条　凡从事房屋建筑工程和市政基础设施工程的新建、扩建、改建等有关活动，应当遵守本规定。

第三条　本规定所称见证取样和送检是指在建设单位或工程监理单位人员的见证下，由施工单位的现场试验人员对建设行政主管部门对其资质认可和质量技术监督部门对其计量认证的质量检测单位（以下简称"检测单位"）进行检测。

第四条　国务院建设行政主管部门对全国房屋建筑工程和市政基础设施工程的见证取样和送检工作实施统一监督管理。

第五条　涉及结构安全的试块、试件和材料见证取样和送检的比例不得低于有关技术标准中规定应取样数量的30％。

第六条　下列试块、试件和材料必须实施见证取样和送检。

（一）用于承重结构的混凝土试块；

（二）用于承重墙体的砌筑砂浆试块；

（三）用于承重结构的钢筋及连接接头试件；

（四）用于承重墙的砖和混凝土小型砌块；

（五）用于拌制混凝土和砌筑砂浆的水泥；

（六）用于承重结构的混凝土中使用的掺加剂；

（七）地下、屋面、厕浴间使用的防水材料；

（八）国家规定必须实行见证取样和送检的其他试块、试件和材料。

第七条　见证人员应由建设单位或该工程的监理单位具备建筑施工试验知识的专业技术人员担任，并应由建设单位或该工程的监理单位书面通知施工单位、检测单位和负责该项工程的质量监督机构。

第八条　在施工过程中，见证人员应按照见证取样和送检计划，对施工现场的取样和送检进行见证，取样人员应在试样或其包装上作出标识、封志。标识和封志应标明工程名称、取样部位、取样日期、样品名称和样品数量，并由见证人员和取样人员签字。见证人员应制作见证记录，并将见证记录归入施工技术档案。

见证人员和取样人员应对试样的代表性和真实性负责。

第九条　见证取样的试块、试件和材料送检时，应由送检单位填写委托单，委托单应有见证人员和送检人员签字。检测单位应检查委托单及试样上的标识和封志，确认无误后方可进行检测。

第十条　检测单位应严格按照有关管理规定和技术标准进行检测，出具公正、真实、准确的检测报告。见证取样和送检的检测报告必须加盖见证取样检测的专用章。

第十一条　本规定由国务院建设行政主管部门负责解释。

第十二条　本规定自发布之日起施行。

二〇〇〇年九月二十六日

附录3 河南省住房和城乡建设厅关于
进一步加强建设工程质量检测管理的通知

（河南省住建厅　豫建建〔2016〕66号）

各省辖市、省直管县（市）住房和城乡建设局（委），郑州航空港经济综合实验区市政建设环保局，林州市住房城乡建设主管部门：

为进一步加强对我省工程质量检测行业的监督管理，提高工程质量检测工作整体水平，确保工程建设质量，依据《建设工程质量检测管理办法》（原建设部令第141号）、《房屋建筑和市政基础设施工程质量监督管理规定》（住房城乡建设令第5号）、《河南省建设工程质量管理条例》、《河南省住房和城乡建设厅关于印发河南省建设工程质量检测管理办法的通知》（豫建〔2016〕127号）等有关规定，结合当前工程质量检测行业面临的形势和任务，现就加强有关工作通知如下：

一、进一步加强检测市场监管

（一）切实加强事中事后监管。各级住房城乡建设行政主管部门要加强工程质量检测机构市场行为监管，重点检查是否超资质范围从事经营活动、从业人员是否具备应有的专业技能，质量保证体系是否正常有效运转，核实技术人员、检验检测设备、环境条件等是否满足开展检测工作的要求，对发现不具备资质条件要求的报告资质审批部门处理。要结合建筑市场及工程质量安全监督执法检查工作，每年至少开展一次检测专项执法检查。要切实加大执法处罚力度，严厉打击出具虚假报告、垄断市场、管理混乱、检测结果不真实等违法违规行为，并公开曝光严肃处理。要按照我省建筑类企业资质动态核查有关要求，加强资质审批后的动态核查，对不具备资质条件或有严重违法违规行为的要责令限期整改，并依法依规给予处罚，经整改仍不达标的，由资质审批部门撤回资质并向社会公告。要强化举报投诉处理工作，认真核查，严格追责，查找监管中薄弱环节，完善措施，加强指导，促进行业健康发展。

（二）规范跨区域检测管理。县级以上住房城乡建设主管部门要落实属地管理责任，对跨区域从事检测业务的，要实施必要的登记、告知等管理。要切实改进对外地检测机构进入本行政区从事检测的监管与服务，简化告知程序、明确办理要求、加强行为监管、不得以备案等名义额外增加准入条件、增加核查程序，切实减轻企业负担，提升服务质量和效率。检测机构跨区域从事检测业务的，需到工程所在地主管部门或工程质量监督机构进行登记，并在重要节点、重点程序向当地工程质量监督机构报告，自觉接受监督。

（三）强化专项抽查检查。县级以上建设工程质量监督机构要进一步强化监管手段，加强专项抽查检查，可采用检测机构相互比对试验、集中定期专项抽验等方式，增强监管的针对性和深度。有条件的可以尝试政府购买服务的方式，定期开展专项抽查检测，加强市场监控和宏观质量分析，不断提升监管能力。

二、进一步规范检测管理

（一）规范委托行为。工程质量检测业务应由建设单位委托具有相应资质的检测机构，不得由施工单位等其他单位进行委托，委托方非建设单位的工程质量检测报告不得作为工程验收资料。检测合同签订后由检测机构报当地建设主管部门或工程质量监督机构录入主管部门市场监管平台，工程质量监督机构发现合同及委托存在不符合要求行为的，应责令有关单位整改。属于同一单位工程见证取样类检测业务的，建设单位应委托一家见证检测机构实施；属于单位工程同一个专项检测项目业务的，建设单位不得分解委托。

（二）加强见证取（送）样管理。见证取（送）样人员应按有关规定经考核后持证上岗。建设工程所使用的全部原材料及现场制作的混凝土、砂浆、节能材料等所有试块应实行见证取样送样制度，取样或试件制作应由施工单位取（送）样员在建设单位或监理单位见证员旁站见证下进行。取（送）样员、见证员共同对样品的真实性和代表性负责。地基基础、主体结构、钢结构、室内环境、建筑节能、建筑幕墙等工程现场检测项目实行工程见证检测制度，见证员应对现场检测进行旁站见证，在现场检测原始记录上签名，并做好见证记录。检测机构在收样时，应核对检测委托单上取（送）样员、见证员签名，通过本市建设工程检测信息管理系统核查取样员、见证员证书的真实性和有效性，不得受理无见证人员陪同送样或无见证封样的建设工程检测试样。

（三）完善检测试样留置制度。检测机构要进一步建立和完善检测试样留置制度。检测试样留置应按如下要求进行：

规范和标准明确要求需留置的试样，应按规范规定的程序、环境、数量和要求留置；非破坏性检测，且可重复检验的试样，应在该样品出具检测报告后留置 20 天；破坏性试样，应在该样品出具检测报告后留置 72 小时。

检测机构应设立检测试样管理员，专人负责试样留置工作，对试样的分类、放置、标识、登记必须符合有关要求并且可以溯源。

（四）加强重要环节监管。各省辖市、省直管县（市）建设主管部门要运用信息化、规范化、标准化手段强化对检测过程的管控。特别是对地基基础、主体结构和见证取样专项资质等重点部位和环节的检测，要重点加强监管。2017 年 6 月 30 日前全省所有见证取样、地基基础、主体结构专项资质的检测机构要全面实现检测试验过程影像存档，实现取样、送样、检测过程同步影像存档备查。为确保检测试样的真实性，省厅将推行试样、试块植入芯片监管模式，并将选择地区进行试点，并总结经验逐步推广。2017 年底前所有省辖市都要实现对试样、试块的芯片化监管，其他专业专项检测也要借助信息化手段逐步强化监控措施。

（五）推行标准化管理。省建设工程质量监督总站要组织编制检测机构标准化管理指南。对不同专项、级别的检测机构在仪器设备、人员配备、检测场所环境、见证取样、试样留置、试验操作流程、报告审批、不合格报告上报、档案管理等方面明确规范要求，并指导开展试点工作。检测机构要按照标准化管理指南要求，完善设施设备，加强内部管理，强化人员培训，争创标准化管理示范单位，树立企业品牌，提升管理和服务。

（六）落实不合格检测结果报告制度

检测机构应建立检测工作台账，并在发现检测结果不合格当日向该工程的质量监督机构进行报告。工程质量监督机构应及时对不合格检测结果进行检查，对处理方法进行监督，必要时对工程实体进行监督抽检。对于发现不合格检测结果隐瞒不报、弄虚作假的单位和个人，按照有关规定严肃处理。

三、进一步加强从业人员管理

（一）加强培训教育工作。省建设工程质量监督总站要强化对全省检测行业从业人员业务培训的指导与协调，对岗前培训、继续教育、新标准规范规程宣贯、实际操作考核、人员流动转岗等进行监督检查，促进检测机构切实提高人员队伍素质。今后的继续教育逐步采用"网上教育"模式，减少不必要培训成本。各检测机构要制定年度培训计划，加大资金投入，做好人才储备，有计划地对全员进行培训、轮训，夯实管理基础。要逐步在培训中增加岗位实操考核，提高培训实效。

（二）建立机构和人员基础数据库。各级主管部门要完善检测机构资质、从业人员、见证员、取样员等资质、人员基础数据库，建立统一查询平台，方便各方进行监督，并为检测信息化平台和建筑市场监管一体化平台提供基础数据，为教育培训、监督检查、行业监管提供基础支持。各级工程质量监督机构应加强对检测机构关键岗位人员（企业负责人、专项负责人、授权签字人、报告审核人）持证及在岗情况的监管，对发现不符合规定的要责令整改；对发现不具备资质标准要求的，及时报告资质审批部门处理，直至撤回检测机构资质证书。

四、建立信用评价体系

（一）开展检测机构及人员信用评价工作

省厅将结合全省建筑市场监管一体化平台建设，搭建工程质量检测机构及人员从业诚信情况评价体系，建立检测机构及从业人员信用档案，并开展对全省建设工程质量检测机构和人员的信用评价工作。检测机构及检测人员信用档案，主要包括检测机构及检测人员的从业履历、从业业绩、良好记录、违法违规行为及其他不良行为记录等。通过信用评价，实施差别化监督管理，形成诚信激励和失信惩戒机制，促使检测机构不断加强内部管理，提高技术能力，规范检测机构和从业人员的检测行为，引导我省检测市场健康有序发展。

（二）完善检测机构及人员信用档案

省厅将结合日常动态检查和各地市、县上报的信息，经核实后录入信用档案，逐步形成省、市、县三级联动的信用评价管理机制。省厅每年将对检测机构及检测人员的信用评价进行汇总和公示，通过对机构和个人管理规范、行为良好的通报表彰，对违法违规、不良行为的公开曝光、通报批评和依法处罚，发挥诚信管理的积极作用。

五、进一步提高信息化水平

（一）推动提高检测信息化水平

检测机构要加大投入，改造提升检测设施设备和实验环境，大力提高信息化水平，逐步实现检测全过程监控、检测数据的自动采集、实时上传、检测报告的电子化和及时公开，减少人为因素干扰、防范弄虚作假，用信息化改进提升检测工作质量和服务水平。2016年底省住建厅将在全省选择5家检测机构开展信息化试点工作，各地也可适当选择企业开展信息化试点工作。

（二）提升监管信息化水平

省建设工程质量监督总站负责具体协调、指导全省建设工程质量检测信息化工作，要科学设置信息化接口标准，逐步将检测机构信息化数据与全省建筑市场监管一体化平台对接，完善行业监管的信息化，提高监管针对性和监管能力。鼓励市级监督机构建立工程检测信息化管理系统，检测单位的检测数据应当自动录入信息系统，检测完成后，通过信息系统出具检测报告，确保工程检测数据的客观性和准确性。省建设工程质量监督总站要建立全省工程质量检测报告信息平台，统一全省建设工程质量检测报告的格式，并在报告上统一信息化监管标识（条形码或者二维码），防范和杜绝弄虚作假行为。省厅将选择 3 个省辖市开展监管信息化试点工作，不断总结经验，逐步完善推广。

2016 年 9 月 22 日

附录4　河南省建设厅关于印发河南省建设工程质量检测管理实施细则的通知

（河南省住建厅　豫建建〔2006〕83 号）

各省辖市建委、省直有关单位：

为了加强对建设工程质量检测的管理，根据《河南省建设工程质量管理条例》、《河南省建筑市场管理条例》、《建设工程质量检测管理办法》的规定，现将《河南省建设工程质量检测管理实施细则》印发给你们，请认真贯彻执行。

附件：建设工程质量检测业务内容

河南省建设厅
二〇〇六年五月九日

河南省建设工程质量检测管理实施细则

第一条　为了规范我省建设工程质量检测行为，加强对建设工程质量检测的管理，确保建设工程质量，根据《中华人民共和国建筑法》、《建设工程质量管理条例》、《河南省建筑市场管理条例》、《建设工程质量检测管理办法》，结合本省实际制定本细则。

第二条　凡在本省行政区域内从事建设工程质量检测活动，实施对建设工程质量检测活动的监督管理，应当遵守本细则。

本细则所称建设工程质量检测（以下简称质量检测），是指工程质量检测机构（以下简称检测机构）接受委托，依据国家有关法律、法规和工程建设标准，对涉及结构安全（地基基础工程、主体结构工程现场、建筑幕墙工程、钢结构工程、市政工程、城市道路桥梁工程）和使用功能（建筑节能、智能建筑、民用建筑室内环境污染控制）的抽样检测和对进入施工现场的建筑材料、装饰材料、构配件的见证取样等项目的检测。

第三条　省建设行政主管部门负责对全省质量检测活动实施监督管理，并负责检测机构的资质审批及将检测机构资质审批情况报建设部备案。

省建设工程质量监督总站具体负责对全省质量检测活动实施监督检查，并负责检测资质审查中的具体工作。

省辖市建设行政主管部门负责对本行政区域内新申请检测资质的检测机构签署意见。

市、县建设行政主管部门负责对本行政区域内的质量检测活动实施监督管理。

第四条　检测机构是具有独立法人资格的中介机构。检测机构的名称应体现其业务性质并符合《企业名称登记管理规定》。

检测机构从事本细则规定的质量检测业务，应当取得省建设行政主管部门颁发的资质证书。

检测机构资质按照其承担的检测业务内容分为专项检测机构资质和见证取样检测机构

资质，检测机构资质标准在河南省工程建设信息网（http：//www. hngcjs. net）或河南建设工程质量安全网（http：//www. haza. cn）下载。

检测机构申请专项检测资质可以是附件一所列六个专项中的多项或某一项。

检测机构未取得相应的资质证书，禁止从事本细则规定的质量检测业务。

企业实验室是企业内部质量保证体系的组成部分，仅对本企业工程（产品）质量出具检验数据，其出具的检验数据只能用于企业内部对工程质量的控制，不作为工程质量验收的依据。预拌商品混凝土和混凝土预制构件企业的实验室是企业的质量控制核心，需取得预拌商品混凝土和混凝土预制构件企业实验室资质。

第五条 申请检测资质的机构应当向省建设行政府主管部门提交下列由法定代表人对其真实性声明的申请材料：

（一）《建设工程质量检测机构资质申请表》一式四份；

（二）工商营业执照原件及复印件；

（三）与所申请检测资质范围相对应的计量认证证书原件及复印件；

（四）主要检测仪器、设备清单；

（五）技术人员的学历证书、职称证书、培训合格证明、身份证和社会保险合同的原件及复印件；

（六）检测机构管理制度及质量控制措施；

（七）工作场地平面图及实验室平面布置图。房屋房产证或房屋租赁书等能证明其房屋使用权的证明，租赁协议期限不得少于三年。

《建设工程质量检测机构资质申请表》在河南省工程建设信息网（http：//www. hngcjs. net）或河南建设工程质量安全网（http：//www. haza. cn）下载。

第六条 省建设行政主管部门在收到申请人的申请材料后，应当即时作出是否受理的决定，并向申请人出具书面凭证；申请材料不齐全或者不符合法定形式的，应当在 5 日内一次性告知申请人需要补正的全部内容。逾期不告知的，自收到申请材料之日起即为受理。

省建设行政主管部门受理资质申请后，应当对申报材料进行审查，必要时可组织专家进行现场评审。省建设行政主管部门自受理之日起 20 个工作日内审批完毕并作出书面决定，若需专家评审并需上报整改资料的延长至 45 个工作日。对符合资质标准的，自作出决定之日起在河南省工程建设信息网和河南省建设工程质量安全网上公示，无异议的在 10 个工作日内颁发《建设工程质量检测机构资质证书》。

省建设行政主管部门对检测机构资质申请与审查等书面材料应保存 3 年。

第七条 《建设工程质量检测机构资质证书》注明检测业务范围并附检测参数，分为正本和副本，正、副本具有同等法律效力。证号由省建设行政主管部门统一编码。

第八条 检测机构资质证书有效期为 3 年。资质证书有效期满需要延期的，检测机构应当在资质证书有效期满 30 个工作日前申请办理延期手续。资质证书有效期满，检测机构没有申请办理延期手续的，视为自动放弃资质。

检测机构在资质证书有效期内没有下列行为的，资质证书有效期届满时，经省建设主管部门同意，不再审查，资质证书有效期延期 3 年，由省建设主管部门在其资质证书副本上加盖延期专用章；检测机构在资质证书有效期内有下列行为之一的，省建设行政主管部门不予延期：

（一）超出资质范围从事检测活动的；

（二）转包检测业务的；

（三）涂改、倒卖、出租、出借或者以其他形式非法转让资质证书的；

（四）未按照国家有关工程建设强制性标准进行检测，造成质量安全事故或致使事故损失扩大的；

（五）伪造检测数据，出具虚假检测报告或者鉴定结论的；

（六）拒绝接受监督检查或对监督检查中确认其存在的问题没有进行整改的；

（七）计量认证合格证书超过有效期的。

第九条 检测机构取得检测机构资质后，不再符合相应资质标准的，省建设行政主管部门根据利害关系人的请求或者依据职权，可以责令其限期改正；逾期不改的，可以撤回相应的资质证书，且一年内不得再次申请资质。

第十条 任何单位和个人不得涂改、倒卖、出租、出借或者以其他形式非法转让资质证书。

第十一条 检测机构变更名称、地址、法定代表人、技术负责人，应当在 3 个月内到省建设行政主管部门办理变更手续，办理变更手续时需提供相关资料。

第十二条 本细则规定的质量检测业务，由工程项目建设单位委托具有相应资质的检测机构进行检测。委托方与被委托方应当签订书面合同，同一单位工程的同类检测项目不得委托两个或两个以上的检测机构进行检测。

检测结果利害关系人对检测结果发生争议的，由双方共同认可的检测机构复检，复检结果由提出复检方报当地建设主管部门备案。

第十三条 质量检测试样的取样应当严格执行有关工程建设标准和国家有关规定，在建设单位或者工程监理单位监督下现场取样。提供质量检测试样的单位和个人，应当对试样的真实性负责。

第十四条 检测机构完成检测业务后，应当及时出具检测报告。检测报告须经检测人员和审核人员签字、经检测机构法定代表人或者其授权的签字人签署，并加盖检测专用章后方可生效。检测报告经建设单位或者工程监理单位审查确认后转交施工单位归档。

见证取样检测的检测报告中应当注明见证人单位及姓名。

第十五条 任何单位和个人不得明示或者暗示检测机构出具虚假检测报告，不得篡改或者伪造检测报告。

第十六条 检测人员不得同时受聘于两个或者两个以上的检测机构。检测人员上岗前必须接受相关的检测技术培训，检测人员培训在省建设行政主管部门的指导下进行，培训合格后方可从事检测工作。

检测机构和检测人员不得推荐或者监制建筑材料、构配件和设备。

检测机构不得与行政机关，法律、法规授权的具有管理公共事务职能的组织以及所检测工程项目相关的设计单位、施工单位、监理单位有隶属关系或者其他利害关系。

第十七条 检测机构不得转包检测业务。

转包是指检测机构将其资质许可范围内的检测项目部分或者全部转包给其他检测机构的行为。对于检测项目中的个别参数，属于检测设备昂贵或使用率低，需要由其他检测机构进行该项目参数检测业务的，不属于转包。

取得外省专项检测资质的检测机构在本省从事检测业务，需按所检测的工程项目，由省建设行政主管部门对其人员资格、仪器设备及检测场所进行核定，符合条件的在省建设行政主管部门备案。

在本省取得专项检测资质的检测机构跨市从事检测业务，应按所检测的工程项目，到工程所在省辖市建设行政主管部门履行告知程序。

见证取样类检测机构不得跨地区承担检测业务。

第十八条 检测机构应当对其检测数据和检测报告的真实性和准确性负责。

检测机构违反法律、法规和工程建设强制性标准，给他人造成损失的，应当依法承担相应的赔偿责任。

第十九条 检测机构应当将检测过程中发现的建设单位、监理单位、施工单位违反有关法律、法规和工程建设强制性标准的情况，以及涉及结构安全检测结果的不合格情况，要及时报告工程所在地建设主管部门和质量监督机构。

第二十条 检测机构应当建立档案管理制度。检测合同、委托单、原始记录、检测报告应当按年度统一编号，编号应当连续，不得随意抽撤、涂改。

检测机构应当单独建立检测结果不合格项目台账。

第二十一条 县级以上地方建设行政主管部门应当加强对检测机构的监督检查，主要检查下列内容：

（一）是否符合本细则规定的资质标准；

（二）是否超出资质范围从事质量检测活动；

（三）是否有涂改、倒卖、出租、出借或者以其他形式非法转让资质证书的行为；

（四）是否按规定在检测报告上签字盖章，检测报告是否真实；

（五）检测机构是否按有关技术标准和规定进行检测；

（六）仪器设备及环境条件是否符合计量认证要求；

（七）法律、法规规定的其他事项。

第二十二条 建设行政主管部门实施监督检查时，有权采取下列措施：

（一）要求检测机构或者委托方提供相关的文件和资料；

（二）进入检测机构的工作场地（包括施工现场）进行抽查；

（三）组织验证检测机构的检测能力；

（四）发现有不符合国家有关法律、法规和工程建设标准要求的检测行为时，责令改正。

第二十三条 建设行政主管部门在监督检查中为收集证据的需要，可以对有关试样和检测资料采取抽样取证的方法；在证据可能灭失或者以后难以取得的情况下，经部门负责人批准，可以先行登记保存有关试样和检测资料，并应当在 7 日内及时作出处理决定，在此期间，当事人或者有关人员不得销毁或者转移有关试样和检测资料。

第二十四条 县级以上建设行政主管部门，对监督检查中发现的问题应当按规定权限进行处理，并及时报告省建设行政主管部门。

第二十五条 各级建设主管部门应当建立投诉受理和处理制度，公开投诉电话号码、通讯地址和电子邮件信箱。

检测机构违反国家有关法律、法规和工程建设标准规定进行检测的,任何单位和个人都有权向建设主管部门投诉。建设主管部门收到投诉后,应当及时核实并依法作出相应的处理决定,于30日内将处理意见答复投诉人。

第二十六条 在建设工程质量检测活动中,建设行政主管部门、工程质量监督机构、建设单位、监理单位、施工单位及检测机构等单位及其工作人员违反本细则的相关规定,依据建设部令(第141号)《建设工程质量检测管理办法》的相关罚则进行处罚。

第二十七条 检测机构和委托方应当按照有关规定收取、支付检测费用。没有收费标准的项目由双方协商收取费用。

第二十八条 水利工程、铁道工程、公路工程等工程中涉及结构安全的试块、试件及有关材料的检测按照有关规定,可以参照本细则执行。

第二十九条 本细则自发布之日起施行,在此前颁发的有关文件,如与本细则相抵触的,以本细则为准。

第三十条 本细则的解释权归河南省建设厅。

附 件

建设工程质量检测的业务内容

一、专项检测(请直接点击下载详细资质标准)

(一)地基基础工程检测

1. 地基及复合地基承载力静载检测;

2. 桩的承载力检测;

3. 桩身完整性检测;

4. 锚杆锁定力检测。

(二)主体结构工程现场检测

1. 混凝土、砂浆、砌体强度现场检测;

2. 钢筋保护层厚度检测;

3. 混凝土预制构件结构性能检测;

4. 后置埋件的力学性能检测。

(三)建筑幕墙工程检测

1. 建筑幕墙的气密性、水密性、风压变形性能、层间变位性能检测;

2. 硅酮结构胶相容性检测。

(四)钢结构工程检测

1. 钢结构焊接质量无损检测;

2. 钢结构防腐及防火涂装检测;

3. 钢结构节点、机械连接用紧固标准件及高强度螺栓力学性能检测;

4. 钢网架结构的变形检测。

(五)建筑节能检测

(六)民用建筑室内环境检测

二、见证取样检测（请直接点击下载详细资质标准）

1. 水泥的物理力学性能检验；

2. 钢筋（含焊接与机械连接）的力学性能检验；

3. 砂、石的常规检验；

4. 混凝土、砌筑砂浆的强度检验；

5. 混凝土掺加剂的检验；

6. 砌墙砖和砌块；

7. 地下、屋面、厕浴间使用的防水材料；

8. 预应力钢绞线、锚夹具检验；

9. 简易土工试验；

10. 沥青、沥青混合料检验；

11. 建筑门窗的抗风压强度性能、空气渗透性能、雨水渗漏性能检测。

附录5 河南省建设工程质量见证取（送）样员管理办法（试行）

（河南省住建厅 豫建建〔2008〕42号）

第一章 总 则

第一条 为保证建设工程质量及检测工作的准确性、公正性和科学性，根据建设部《房屋建筑工程和市政基础设施工程实行见证取样和送检的规定》（建建〔2000〕211号）及有关法律、法规和技术标准等有关文件要求，制定本办法。

第二条 建设工程（新建、扩建、改建等）所使用的全部原材料、钢筋焊接和连接件及现场制作的混凝土、砂浆试块、节能产品及节能构配件等均实行见证取（送）样制度。

第三条 见证人员由建设单位、监理单位的人员担任；取（送）样人员由施工单位的人员担任。

第四条 省建设厅负责全省见证取（送）样人员的管理工作。并委托省建设工程质量监督总站负责全省建设工程见证取（送）样员的考核认定及监督管理工作。

各省辖市建设行政主管部门负责本辖区建设工程见证取（送）样员的报名、培训组织、上报和日常行为的监督管理工作。

第二章 见证取（送）样的工作程序

第五条 建设单位到工程所在地工程质量监督机构递交"见证单位和见证人员授权书"。授权书应写明本工程现场委托的见证单位和见证人，以便于质监站和检测机构检查核对。

第六条 施工企业取（送）样人在现场进行原材料取样和试块制作时，见证人必须在旁见证。见证人应对试样进行监护，并和见证取（送）样人一起将所见证样品送至检测机构，或采取有效的封样措施送样并在样品见证人的见证下打开。

第七条 检测机构在接受委托检测任务时，委托单位应填写"河南省建设工程质量检测委托书"（附表二），见证人应出示本人"岗位证书"，并在"河南省建设工程质量检测委托书"上签名。

第八条　检测机构在检测报告单备注中应注明见证单位及见证人姓名。一旦发生检测不合格情况，要及时通知工程质量监督机构和委托单位及见证单位。

第九条　未注明见证单位和见证人的检测报告不得作为工程竣工验收备案资料。

第三章　报名条件及考核

第十条　参加见证取（送）样员考核应具备以下条件：

（一）见证员应有建设单位或监理单位签订的劳动合同，具备城建及相近专业初级及以上技术职称；

（二）取（送）样员应有施工单位签订的劳动合同，具备城建及相近专业初级及以上技术职称；

（三）经培训考核合格颁发"岗位证书"；

（四）有良好的职业道德和责任感。

第十一条　参加见证取（送）样员培训需提交以下材料：

（一）填写河南省见证取（送）样员申请表（附表一）；

（二）身份证、毕业证、职称证、劳动合同原件及复印件；

（三）本人近期一寸彩色照片两张。

第四章　见证取（送）样员的职责

第十二条　见证取（送）样员应严格执行国家及省有关技术标准、规范及相关规定，秉公办事，并对样品的代表性和真实性负责。

（一）取（送）样员取样时，见证员必须在施工现场进行见证；

（二）取（送）样员应在样品或其包装上作出标识、封志。标识和封志应注明工程名称、取样部位、取样日期、样品名称和数量，试样应由所经见证员和取（送）样员共同送至建设工程质量检测机构，并在试样标识、封志及委托单上签名。

第十三条　见证取（送）样员不得委托他人执行业务，应在岗位证书有效期内接受不少于 24 学时的继续教育。

第五章　见证取（送）样员的管理

第十四条　见证取（送）样员岗位证书有效期为两年。到期的岗位证书换发程序与新申请见证取（送）样员的程序相同。

第十五条　见证取（送）样员有下列情形之一者，收回岗位证书，情节严重的，五年内不得从事见证取（送）样工作，并向社会公示：

（一）见证取样的工程发生质量事故，经调查与见证取（送）样员有直接责任的；

（二）未直接对工程进行见证取样而在样品标识、封志及委托单上签署名字的；

（三）违反本办法第十二条、第十三条规定的。

第十六条　外省进豫承揽工程的单位，其见证取（送）样员须具有省级建设行政主管部门颁发的岗位证书，并到我省建设行政主管部门备案，方可从事见证取（送）样工作。

第十七条　见证取（送）样员调离本岗位后，应有原工作单位和调入工作单位法定代表人签字，加盖并出具的证明，到省建设行政主管部门办理变更或注销手续。

第六章　附　则

第十八条　本办法由省建设厅负责解释。

第十九条　本办法自发布之日起施行。

参考文献

[1] GB 175—2007/XG2—2015《通用硅酸盐水泥》国家标准第 2 号修改单 [S].

[2] GB/T 1596—2017 用于水泥和混凝土中的粉煤灰 [S].

[3] GB/T 18046—2017 用于水泥、砂浆和混凝土中的粒化高炉矿渣粉 [S].

[4] GB/T 18736—2017 高强高性能混凝土用矿物外加剂 [S].

[5] JGJ 52—2006 普通混凝土用砂、石质量及检验方法标准 [S].

[6] JGJ 55—2011 普通混凝土配合比设计规程 [S].

[7] GB 50204—2015 混凝土结构工程施工质量验收规范 [S].

[8] GB/T 50107—2010 混凝土强度检验评定标准 [S].

[9] GB/T 50080—2016 普通混凝土拌合物性能试验方法标准 [S].

[10] GB/T 50081—2002 普通混凝土力学性能试验方法标准 [S].

[11] GB/T 50082—2009 普通混凝土长期性能和耐久性能试验方法标准 [S].

[12] GB/T 14902—2012 预拌混凝土 [S].

[13] GB 50203—2011 砌体结构工程施工质量验收规范 [S].

[14] JGJ/T 70—2009 砌筑砂浆基本性能试验方法标准 [S].

[15] JGJ/T 98—2010 砌筑砂浆配合比设计规程 [S].

[16] GB 8076—2008 混凝土外加剂 [S].

[17] JC 474—2008 砂浆、混凝土防水剂 [S].

[18] JC 475—2004 混凝土防冻剂 [S].

[19] GB/T 23439—2017 混凝土膨胀剂 [S].

[20] GB/T 35159—2017 混凝土速凝剂 [S].

[21] GB 1499.2—2018 钢筋混凝土用钢 第 2 部分：热扎带肋钢筋 [S].

[22] GB 1499.1—2017 钢筋混凝土用钢 第 1 部分：热扎光圆钢筋 [S].

[23] GB/T 701—2008 低碳钢热轧圆盘条 [S].

[24] GB/T 700—2006 碳素结构钢 [S].

[25] JC/T 540—2006 混凝土制品用冷拔低碳钢丝 [S].

[26] GB/T 13788—2017 冷轧带肋钢筋 [S].

[27] JGJ 18—2012 钢筋焊接及验收规程 [S].

[28] JGJ 107—2016 钢筋机械连接技术规程 [S].

[29] GB/T 2975—1998 钢及钢产品 力学性能试验取样位置及试样制备 [S].

[30] JGJ 79—2012 建筑地基处理技术规范 [S].

[31] GB/T 50123—1999 土工试验方法标准 [S].

[32] GB 5101—2017 烧结普通砖 [S].

[33] GB 13544—2011 烧结多孔砖和多孔砌块 [S].

[34] GB/T 13545—2014 烧结空心砖和空心砌块 [S].

[35] JC/T 239—2014 蒸压粉煤灰砖 [S].

［36］ DB41/T 567—2009 蒸压粉煤灰砖［S］.

［37］ GB 11968—2006 蒸压加气混凝土砌块［S］.

［38］ GB 18242—2008 弹性体改性沥青防水卷材［S］.

［39］ GB 18243—2008 塑性体改性沥青防水卷材［S］.

［40］ GB 18173.1—2012 高分子防水材料 第1部分：片材［S］.

［41］ GB 12952—2011 聚氯乙烯（PVC）防水卷材［S］.

［42］ GB 12953—2003 氯化聚乙烯防水卷材［S］.

［43］ GB/T 19250—2013 聚氨酯防水涂料［S］.

［44］ JC/T 408—2005 水乳型沥青防水涂料［S］.

［45］ JC/T 864—2008 聚合物乳液建筑防水涂料［S］.

［46］ GB/T 23445—2009 聚合物水泥防水涂料［S］.

［47］ GB/T 14683—2003 硅酮建筑密封胶［S］.

［48］ JC/T 482—2003 聚氨酯建筑密封胶［S］.

［49］ JC/T 483—2006 聚硫建筑密封胶［S］.

［50］ JC/T 798—1997 聚氯乙烯建筑防水接缝材料［S］.

［51］ GB/T 18601—2009 天然花岗石建筑板材［S］.

［52］ GB/T 19766—2016 天然大理石建筑板材［S］.

［53］ GB/T 4100—2015 陶瓷砖［S］.

［54］ JG/T 158—2013 胶粉聚苯颗粒外墙外保温系统材料［S］.

［55］ JGJ 144—2004 外墙外保温工程技术规程［S］.

［56］ GB/T 14684—2011 建设用砂［S］.

［57］ GB/T 14685—2011 建设用卵石、碎石［S］.

［58］ JGJ 340—2015 建筑地基检测技术规范［S］.

［59］ JGJ 106—2014 建筑基桩检测技术规范［S］.

［60］ JGJ 79—2012 建筑地基处理技术规范［S］.

［61］ GB 50202—2002 建筑地基基础工程施工质量验收规范［S］.

［62］ GB/T 50784—2013 混凝土结构现场检测技术标准［S］.

［63］ GB/T 50344—2004 建筑结构检测技术标准［S］.

［64］ GB 50204—2015 混凝土结构工程施工质量验收规范［S］.

［65］ JGJ/T 23—2011 回弹法检测混凝土抗压强度技术规程［S］.

［66］ CECS 02—2005 超声回弹综合法检测混凝土强度技术规程［S］.

［67］ JGJ/T 384—2016 钻芯法检测混凝土强度技术规程［S］.

［68］ CECS 03—2007 钻芯法检测混凝土强度技术规程［S］.

［69］ JGJ/T 152—2008 混凝土中钢筋检测技术规程［S］.

［70］ GB/T 50315—2011 砌体工程现场检测技术标准［S］.

［71］ GB/T 50344—2004 建筑结构检测技术标准［S］.

［72］ GB 50203—2011 砌体结构工程施工质量验收规范［S］.

［73］ JGJ/T 136—2017 贯入法检测砌筑砂浆抗压强度技术规程［S］.

［74］ JGJ 145—2013 混凝土结构后锚固技术规程［S］.

［75］ GB 50550—2010 建筑结构加固工程施工质量验收规范［S］.

［76］ JGJ/T 110—2017 建筑工程饰面砖粘结强度检验标准［S］.

［77］ JGJ 126—2015 外墙饰面砖工程施工及验收规程［S］.

[78]　GB 50205—2001 钢结构工程施工质量验收规范 [S].

[79]　GB/T 17505—2016 钢及钢产品　交货一般技术要求 [S].

[80]　GB/T 1591—2008 低合金高强度结构钢 [S].

[81]　GB/T 699—2015 优质碳素结构钢 [S].

[82]　GB/T 3274—2017 碳素结构钢和低合金结构钢热轧钢板和钢带 [S].

[83]　GB/T 6725—2008 冷弯型钢 [S].

[84]　GB/T 12754—2006 彩色涂层钢板及钢带 [S].

[85]　GB/T 2518—2008 连续热镀锌钢板及钢带 [S].

[86]　GB/T 19879—2015 建筑结构用钢板 [S].

[87]　GB/T 8162—2008 结构用无缝钢管 [S].

[88]　GB/T 12755—2008 建筑用压型钢板 [S].

[89]　GB/T 714—2015 桥梁用结构钢 [S].

[90]　GB/T 983—2012 不锈钢焊条 [S].

[91]　GB/T 984—2001 堆焊焊条 [S].

[92]　GB/T 5118—2012 热强钢焊条 [S].

[93]　GB/T 5117—2012 非合金钢及细晶粒钢焊条 [S].

[94]　GB/T 5293—1999 埋弧焊用碳钢焊丝和焊剂 [S].

[95]　GB/T 17493—2008 低合金钢药芯焊丝 [S].

[96]　GB/T 8110—2008 气体保护电弧焊用碳钢、低合金钢焊丝 [S].

[97]　GB/T 10045—2001 碳钢药芯焊丝 [S].

[98]　GB/T 2652—2008 焊缝及熔敷金属拉伸试验方法 [S].

[99]　GB/T 3098.1—2010 紧固件机械性能 螺栓、螺钉和螺柱 [S].

[100]　GB/T 1231—2006 钢结构用高强度大六角头螺栓、大六角螺母、垫圈与技术条件 [S].

[101]　GB/T 3632—2008 钢结构用扭剪型高强度螺栓连接副 [S].

[102]　JGJ 82—2011 钢结构高强度螺栓连接技术规程 [S].

[103]　GB/T 16939—2016 钢网架螺栓球节点用高强度螺栓 [S].

[104]　JG/T 10—2009 钢网架螺栓球节点 [S].

[105]　JG/T 11—2009 钢网架焊接空心球节点 [S].

[106]　GB/T 11345—2013 焊缝无损检测　超声检测　技术、检测等级和评定 [S].

[107]　JG/T 203—2007 钢结构超声波探伤及质量分级法 [S].

[108]　GB/T 3323—2005 金属熔化焊焊接接头射线照相 [S].

[109]　JB/T 6061—2007 无损检测 焊缝磁粉检测 [S].

[110]　JB/T 6062—2007 无损检测 焊缝渗透检测 [S].